Pasquier in.
Soubert
ches MARC-MICHEL BOUSQUET

DEUX MEMOIRES

SUR LE

MOUVEMENT DU SANG,

ET SUR

LES EFFETS DE LA SAIGNÉE,

FONDÉS SUR DES EXPERIENCES

Faites fur des Animaux :

PAR MONSIEUR

ALB. DE HALLER,

Préfident de la Societé Royale des Sciences de GÖTTINGUE, *Membre de l'Académie Royale des Sciences de* PARIS, LONDRES, BERLIN, STOKHOLM, &c.

A LAUSANNE,

Chez MARC-MIC. BOUSQUET & Comp.

Et fe vend à PARIS,

Chez DAVID, Ruë & vis-à-vis la Grille des Mathurins.

MDCCLVI.

A MONSIEUR

MONSIEUR

JOSEPH CAVICCHI,

PROFESSEUR PUBLIC

D E

MEDECINE ET DE CHIRURGIE

D A N S

L'UNIVERSITÉ DE FERRARE;

Membre de l'Académie de

L'INSTITUT DE BOLOGNE;

MEDECIN ET CHIRURGIEN

du grand Hôpital de Sainte ANNE,

&c. &c. &c.

Dedié & presenté par son très-humble,
très-obéïssant & très-devoué
Serviteur,

MARC-MICHEL BOUSQUET.

PREFACE

DE L'EDITEUR.

L'Auteur de ces *deux* ME-
MOIRES a fuivi dans cet
Ouvrage la même méthode
que dans celui que nous ve-
nons de donner *fur les Parties irritables & fenfibles du Corps animal.*

Le *Mémoire I.* envoyé à la Societé
Royale de Göttingue le 8 Octobre 1754,
qui eft imprimé dans le IVme. Tome
des COMMENTAIRES de cette Societé favante, contient un expofé analyti-
que des vérités que les Expériences ont
fournies à l'Auteur. Tout y eft rangé
fous un ordre méthodique, ce font des
Corollaires appuyés fur les Faits. Il a
été traduit par M. TISSOT, & revû
par l'Auteur même. On y a joint un
petit *Mémoire*, qui contient les Expériences faites fur le cœur, & qui prou-

vent que l'*Irritabilité* eſt la premiere cauſe de ſes mouvemens : Il avoit paru dans le Tome I. des *Commentaires de Gottingue*.

Le *Mémoire II.* du préſent Ouvrage, n'a été fourni à la Societé Royale que le 26 Mars de l'année courante 1756, pour paroître dans le VIme. Tome de ſes *Commentaires*. C'eſt le Journal des Expériences dont les reſultats forment le premier Mémoire. Elles y ſont raprochées ſous leurs claſſes, & expoſées avec toute la ſimplicité qui doit diſtinguer l'amateur de la vérité, du faiſeur d'hypotheſes. On a terminé les Sections par des Corollaires fort courts & fort ſimples, qui découlent d'eux mémes des Expériences. La traduction eſt devenue équivalente à l'original, par les ſoins que l'Auteur en a pris.

On a numeroté les Expériences, non par oſtentation, mais pour pouvoir les citer plus commodément : On convient bien volontiers, que la méme Expérience y revient ſouvent trois ou quatre fois, parce qu'elle étoit compoſée, & qu'on a partagé fous des Titres differens, les Faits qu'on avoit vû fur le même animal. La liaifon d'un Fait avec deux claffes differentes, a forcé quelques fois le célebre Auteur à ne pas fe refufer à quelques répétitions.

On n'a pas voulu réimprimer les Expériences fur le *Mouvement du fang veineux*, occafionné par la Refpiration, ni celles qui regardent le *Mouvement du cœur*. Elles auroient également pû trouver place dans l'Ouvrage que nous annonçons; mais comme elles viennent de paroître dans les SECTIONS IV & XVIImes. du *fecond Mémoire fur les parties irritables & fenfibles*, on auroit cru furprendre le Public en les donnant ici une feconde fois. Les deux Ouvrages trouveront apparemment les mêmes lecteurs, & peuvent être confiderés comme les divers Tomes d'un même Livre.

TABLE DES PIECES

Contenues dans cet Ouvrage.

MEMOIRE I.

MEMOIRE I.

EXPOSÉ ANALYTIQUE

DES RESULTATS,

TIRÉS

DES EXPERIENCES.

A

MEMOIRE *I.*

S U R L A

CIRCULATION DU SANG.

VOus me pardonnerez, Messieurs, mon silence de l'année derniere, si vous voulez bien faire attention, à mon départ promt & inattendu, à la longueur de mon voyage, à la difficulté du transport de ma Bibliotheque, aux embarras d'un nouvel établissement, & enfin à une chute malheureuse, qui m'a privé d'un bras pendant plusieurs mois. Je ne vous oubliai cependant point, non plus que mes devoirs. Eh ! comment vous eussai-je oublié, vous avec qui j'ai passé de si doux momens ? Vous qui, par vôtre parfaite union & vos travaux soutenus, m'avez fait écouler si agréablement les dernieres années de mon sejour à Gœttingue ? Vous enfin, dont l'amitié fait une véritable partie de mon bonheur, & dont j'ai toujours re-

A 2

gardé

gardé l'abfence, comme une perte irreparable ?

Pouvois-je oublier des devoirs, auxquels j'étois rappellé, & par la place honorable, que nôtre fage Protecteur a bien voulu me conferver, & par mon envie de connoitre le vrai ? Pouvois-je oublier la Societé, aux travaux de laquelle il eft bien jufte de me foumettre, puisque je jouïs de fes honneurs ?

Animé par ces motifs, j'ai examiné quel fujet je pouvois choifir, qui fut également de votre reffort & du mien. Privé par mon genre de vie de l'Anatomie du Corps humain, il ne me refte plus que les ouvertures des animaux vivans ; j'en ai ouvert un grand nombre à Gœttingue, & j'en trouve les defcriptions dans mes cahiers ; j'y ai ajouté des diffections, que j'ai faites à Berne, pour me délaffer par l'étude des fciences, des travaux moins attrayans de la vie civile. J'ajoute à ces diffections, les Obfervations Microscopiques des animaux froids, dont j'ai facrifié une centaine à mes recherches, en partie avec M. REMUS & d'autres, depuis mon retour dans la Patrie. Je propoferai dans une autre occafion, ce que les expériences m'ont appris fur la Refpiration & fur la Génération ; & je ne parlerai ici que de la nature des arteres & des veines, des globules du fang, de leur
mou-

mouvement dans les vaiſſeaux ; dés
cauſes de ce mouvement, des variations
que les ligatures & les ſaignées peuvent
y apporter, & en paſſant, des changè-
mens que le ſang peut ſubir ; ces differens articles feront la matiere d'autant de
Chapitres.

CHAPITRE PREMIER.

De la ſtructure des Arteres & des Veines.

JE n'ai pas examiné fort attentivement
les gros vaiſſeaux des animaux à ſang
froid. Cependant après avoir vû l'aorte
ſortir double d'un tronc épais ſolide &
intérieurement celluleux ; je l'ai ſuivie juſques au méſentere, & j'ai vû naitre de la
branche descendante, les arteres pulmonaires qui ne ſont pas grandes, & qui n'ont
qu'un diametre proportionné à celui de
ce viſcere. Je lui ai trouvé aſſez de rapport avec une veſſie à nager, chaque lo-
be renfermant une cavité conſiderable,
dont la circonference eſt entourée par une
ſuite de véſicules poligones, arroſées par
de petites arteres, les mêmes que la théorie de MALPIGHI a rendues ſi célebres ; elles different des véſicules du poul-

A 3

mon

mon des hommes par leur grandeur & par leur figure angulaire , & font entourées elles mêmes par d'autres véficules beaucoup plus petites , qu'on ne diftingue qu'avec peine , qu'on ne voit pas toujours , & qui rendent les poûmons des grenouilles affez femblables à ceux des hommes.

Dans le méfentere de ces animaux , les troncs artériels fe dirigent affez directement vers les inteftins , & quand ils y font parvenus , ils fe divifent , & fe repandent en ferpentant fur leur furface , où , en s'uniffant les uns aux autres , ils forment des anneaux , qui reffemblent affez à ceux , que l'artere colique & l'ileocolique font fur le colon de l'homme. L'on voit diftinctement dans ces ramifications, que la fomme des lumieres de deux branches d'un tronc , eft plus grande que la lumiere du tronc même ; & autant que j'ai pu le voir avec une loupe , les arteres reftent coniques dans le méfentere , quoique dans le tems que l'animal fouffre fous l'expérience , leur diametre foit fouvent défiguré , & fouffre differens étranglemens , fuivant que le fang fe jette plus vers un endroit que vers un autre.

Les veines , prefque femblables aux arteres , les furpaffent en nombre & en diametre , qui eft prefque double de celui des arteres ; mais la principale différence de ces deux genres de vaiffeaux eft dans

les

les réfeaux des veines, leurs troncs fe fou-
divifent fucceffivement en de très petits
rameaux d'un globule de diametre, & fe
mélant à d'autres veines méfenteriques forment un réfeau veineux, fans aucune branche d'artere (a). Ces veines font évidemment cilindriques avec de fréquentes courbures; les angles de réünion font affez
grands, & les aires qui les féparent, font
des poligones approchans du quarré. Généralement parlant, je n'ai point vû dans
mes expériences d'arteres d'un globule de
diametre; la raifon en eft peut-ètre, que
l'épaiffeur des membranes ne permettant
point d'apercevoir la foible rougeur d'un
feul globule, la blancheur apparente de
ces petits vaiffeaux les fait confondre avec
les membranes, fur lesquelles ils rampent.
Les groffes arteres mêmes font pales, pendant que les veines paroiffent très rouges,
fans aucun mêlange de bleu. Pour les
queuës des poiffons, j'ai quelquefois trouvé entre deux arteres paralleles des réfeaux
artériels, dont les vaiffeaux paroiffoient du
calibre d'un globule.

Si l'on examine de près les membranes
artérielles, on les trouvera épaiffes, blanches, compactes; leur épaiffeur n'a pas

A 4

tou-

(a) A. DE HEIDE de *fang. miffione* p. 8. &
Antoine de LEEUWENHOECK *cont. arcan.
nat.* t. 3. p. 162 parlent de ce réfeau.

toujours le même rapport avec le diametre total de l'artere ; souvent cette épaisseur forme la moitié de ce diametre, & le vuide du canal l'autre moitié ; quelquefois elle en fait la plus grande partie. Il arrive, que le sang est poussé plus fortement dans les arteres, sans que le diametre total soit dilaté ; parceque le sang occupe la plus grande partie de leur lumiere, & que les parois artérielles en sont reduites à un tiers, ou à un quart de leur premiere épaisseur ; il paroit par là, que la densité des arteres augmente proportionnellement à la force avec laquelle le sang s'y jette. Plus le sang occupe de place dans un cercle, moins il en reste aux parois, & plus par consequent les fibres de ces parois doivent être serrées. Ce qui peut, si je ne me trompe, servir à expliquer la dureté du pouls dans certaines fievres, sans que je veuille cependant exclure l'augmentation de densité du sang.

Tout comme le tube artériel peut être rempli outre mesure, il arrive aussi, qu'il ne l'est pas assez. Il n'y a rien de si commun, que de trouver dans les grenouilles des veines vuides, & des arteres qui le sont tout a-fait, ou à moitié, ou qui même ne contiennent plus qu'une, deux ou trois colonnes de globules ; & il est contraire aux expériences de croire, que les vaisseaux contractés proportionellement à la quantité de sang qu'ils contiennent, restent toujours

pleins

pleins, & qu'ils ne fe retreciffent, que quand ils renferment peu de fang ; car quoique le jeune des animaux diminue la quantité du fang, le diametre des vaiffeaux fanguins ne diminue point pour cela, & fouvent la faignée ou d'autres caufes, retabliffent le cours du fang fufpendu dans quelques arteres, & leur rendent leur premiere plénitude.

Mais il y a un autre changement affez fréquent du diametre artériel, que j'ai fouvent occafionné en piquant l'artere, & que j'ai vû d'autres fois fe former fans pouvoir en affigner la caufe. Je veux parler de l'*Aneurifme vrai*, qu'on trouve fi fréquemment dans les arteres des grenouilles, en les examinant au microfcope, & qui eft une tumeur prefque ovale, dans laquelle la partie fupérieure d'une artere vuide fon fang, & qui le tranfmet à la partie inférieure du même tronc.

C'eft mal à propos, que quelques écrivains ont cru devoir retrancher l'aneurifme vrai, du nombre des maladies chirurgicales (*b*). Je l'ai vû fe produire, comme je l'ai déjà dit, fans pouvoir en affigner la caufe (*c*),

A 5 &

(*b*) L'on peut voir fur cette difpute *l'hiftoire de la medecine de* M. F r e i n d p. 184. ed. 4ª. de Paris 1735.

(*c*) C'eft ces Aneurifmes, que L e e u w e n h o e c k avoit vû quand il écrivoit, que les vaiffeaux devenoient plus épais, là où le fang fe coaguloit. *Experim. & contempl. pag.* 179.

& j'ai appris dans la fuite à le produire, auffi fouvent que je l'ai voulu. Je fépare pour
cela les deux lames du méfentere., des deux
cotés d'une artere, je la fecoue enfuite, de
maniere à la dégager tout-à-fait des liens celluleux qui l'affermiffent ; & je ne tarde pas
après ces préparatifs, à voir naitre un a-
reunifme, qui fe forme également après
une incifion, & furtout après la piqueure
de l'artere. L'on trouve auffi quelquefois,
quoique plus rarement, des tumeurs femblables dans les veines, mais on y trouve
fur tout, comme je l'ai dejà annoncé depuis peu, des inégalités dans leurs diametres, qui font que la partie la plus voifine
du cœur n'eft pas toujours la plus groffe.

Je n'ai point apperçu de petits vaiffeaux
fur les membranes des arteres, mais l'on
trouve fouvent dans les grenouilles, fur
les membranes, qui compofent les vaiffeaux
de tout ordre, des taches noires, fingulieres, affez femblables à des fleches, dif-
pofées en réfeau, & dont la caufe eft très
incertaine.

Les veines ont une membrane fi délicate & fi minçe, qu'on voit comme à nud les
globules fanguins, qui paroiffent former
une efpece de chaine, affez femblable à un
chapelet, à peu près de la maniere que
C o w p e r (d) & C h e s e l d e n (e) ont
repré-

(d) *Append.* ad B i b l. t. 3. fol. 5.
(e) *Anatom. of human body.* edit. 6. t. 3.

repréſenté dans leurs figures les petits vaiſ-
feaux, dont ils omettent les contours. C'eſt
ce qui a fait dire à LEEUWENHOECK,
que les vaiſſeaux ſanguins n'ont point de
membranes, mais que les globules rouges
ſe frayent eux mêmes le chemin dans les
endroits, où ils trouvent moins de reſiſtance (*f*). Je n'ai jamais vû aucune valvule
dans les veines des grenouilles.

Je n'ai jamais pu, même à l'aide du microſcope, découvrir aucune fibre muſcu-
leuſe dans les vaiſſeaux du méſentere, quoique les veines voiſines du cœur en
ſoient ſurement pourvues, puiſque l'on remarque très diſtinctement dans l'une &
l'autre veine cave, des mouvemens de
conſtriction, correſpondans à ceux de l'o-
reillette.

Ces taches rouges occaſionnées par un
ſang épanché, qu'on remarque ſur les vaiſ-
feaux de tout genre après des bleiſures, &
ſurtout ſur les arteres humaines après u-
ne inflammation; ces taches, diſ-je, prouvent démonſtrativement, que tous ces vaiſ-
feaux ſont accompagnés par une celluloſi-
té, qui échape à nos ſens par ſa tranſpa-
rence, lorſqu'elle eſt vuide.

Il n'eſt point rare de voir des veines
capillaires colées ſur des arteres, dans la
plus grande partie de leur cours, ſans que

cela

(*f*) *Experiment. & contempl.* p. 184.

cela altere le plus légérement le mouvement de leurs liqueurs ; & cela nous apprend, combien peu de cas l'on doit faire de cette façon commune d'expliquer,
*pourquoi la veine spermatique gauche se jet-
te dans l'émulgente, plutôt que de se jetter
dans la cave.* C'est, dit-on, une précau-
tion de la nature, elle craint que les pulsations de l'aorte n'obliterent la cavité d'u-
ne aussi petite veine, ou ne dérangent le
cours de son sang. La foiblesse de cette
théorie est encore démontrée par l'exemple
de l'aorte humaine, qui, dans toute la
cavité de la poitrine, est entourée de petites veines, qui naissent de l'intercostale supérieure, & que le voisinage d'un aussi gros
vaisseau ne dérange absolument point dans
leurs fonctions. L'on peut voir là dessus
la description & les figures, que j'ai don-
nées de l'artere bronchiale.

Je n'ai pas suivi dans les grenouilles les
petits vaisseaux, qui forment la communication entre les arteres & les veines, &
les méfenteres de ces animaux ne font
point propres à cette observation, parceque cette union paroit se faire dans les
membranes des intestins mêmes, qui font
trop opaques, pour qu'on puisse la remarquer. Mais elle se voit très distinctement
dans les poissons, & comme je n'ai presque rien observé, que ce que l'on connoit
déjà, je ferai court sur cet article. L'on

voit

voit dans la queuë de quelques petits poiſſons, quatre petits os, dont chacun eſt
accompagné par une artere & par une veine ; le paſſage du ſang de l'une à l'autre,
ſe fait de deux façons différentes. Souvent
l'artere ſe courbe preſqu'à l'extrêmité de
la queuë, fait un crochet, & revient pa-
rellele à elle même ; c'eſt par ce moyen
très ſimple, que nombre d'arteres, même
du diametre de pluſieurs globules (*g*) ſe
changent en veines. L'on voit par là,
qu'il n'eſt point étonnant, ſi l'air, le ſuif,
& en général les liqueurs, que les anatomi-
ſtes injectent, parcourent ſi aiſément dans
l'homme, le vaſte trajet des poûmons, des
reins, du méſentere, du cœur, du cerveau même, & paſſent des arteres de ces
viſceres dans leurs veines correſpondantes.
C'eſt ce premier moyen d'union que L e e u-
w e n h o e c k a décrit en differens endroits de ſes ouvrages (*h*).

Il y en a un autre bien plus fin. Il
part d'une artere, ſous differens angles,
pluſieurs rameaux, d'un, de deux, de
trois globules de diametre, qui ſe rendant
dans la veine parallele vont lui porter le
ſang artériel. Ce dernier moyen ſe remar-

que

(*g*) L e e u w e n h o e c k *Exper. & contemp.*
t. II. p. 177. en borne le nombre à trois, mais
j'ai vû le contraire.
(*h*) *ibid.* p. 160. f. 6. A. f. 10.

que aussi souvent dans les poissons que le premier, & L e e u w e n h o e c k en a parlé (*i*).

Il me reste à rechercher quels sont les vaisseaux que M. B o e r h a a v e (*k*) a destinés à charier les liquides plus fins que le sang. Quand on est peu exercé à observer, on croit aisément les voir en appercevant, dans le méfentere des grenouilles, des petits vaisseaux, qui ne laissent passer qu'un globule jaune. Trompé par cette couleur, je me félicitai il y a quelques années d'avoir pu faire cette observation, & M. H. B a k e r (*l*) rapporte la meme erreur, dans laquelle un de ses amis est tombé. Mais un observateur moins prompt à croire ce qu'il souhaite, ne jouït pas long tems de ce plaifir, & reconnoit bientôt, que ce qu'il a vû ne font que de très petites veines, qui naissent des veines rouges, qui, se réünissant, redeviennent elles ménfes veines rouges, & ne contiennent que des globules rouges. Si à l'œil elles paroissent jaunes, c'est uniquement, parceque la teinte d'une file unique de globules, étant extrémement foible, elle s'é-
vanouït

(*i*) T. ii. *sive exper. & contempl.* p. 178. f 1. p. 183. f. 14. p. 185. f. 15. p. 186. f. 16. 17. & ailleurs.

(*k*) *de usu ratiocinii mechanici* p. 14.

(*l*) *Microscope made easy* p. 136.

vanouït à travers les membranes des vaiſſeaux, & n'eſt ſenſible que quand les lignes de globules ſe multiplient. L'illuſtre
M. SENAC & un anonime (*m*) avoient
donné cet avis avant moi.

Je ne veux pas avancer pour cela, qu'il
n'y a pas de vaiſſeaux plus petits que les
vaiſſeaux rouges : tout ce que j'établis,
c'eſt que je n'ai point pu voir, qu'il pro-
vint, des arteres, des canaux chargés d'u-
ne liqueur différente du ſang. Je n'en
ſuis pas moins perſuadé, qu'il y a d'autres
vaiſſeaux deſtinés à la circulation des humeurs les plus fines ; outre qu'on en voit
dans les muſcles des anguilles d'une couleur argentée, qui contiennent une humeur bien différente du ſang ; il y a pluſieurs autres raiſons, qui ne permettent
pas d'en douter.

CHAPITRE SECOND.

Des Humeurs.

J'ai à parler à préſent des humeurs contenues dans les arteres, & dans les veines. J'en ai trouvé juſques à préſent deux
eſpeces différentes, les globules rouges, &

un

(*m*) *Lettre ſur le nouveau ſiſteme de la voix*
p. 55.

un liquide invifible dans les grenouilles &
les poiffons, qu'on connoit dans les grands
animaux fous le nom de limphe ou de férofité. Je commencerai par les globules
rouges, dont la découverte me paroît être
due à MALPIGHI; quoiqu'il les ait pris
pour autre chofe (a).

Ce que j'appelle globules font de petites lentilles rouges ou jaunes; on leur
trouve en effet l'une & l'autre de ces couleurs dans les grenouilles & dans les poiffons; elles paroiffent jaunes dans les animaux déja affoiblis, & elles font d'un rouge d'autant plus foncé, que l'animal fe porte mieux. Et cette rougeur ne dépend
point uniquement, comme quelques auteurs ont paru le croire (b), de la réünion

(a) Dans fon traité *de omento & adipofis duc-*
tibus qu'il publia en 1665, *il décrit* (p. 42. de
l'édition de Londres) *un vaiffeau fanguin de l'o-*
mentum dans lequel il vit, dit-il, des globules
de graiffe circonfcrits, rouges & affez fembla-
bles à des grains de corail rouge; defcription qui
caractérife parfaitement les globules rouges; &
ce fut feulement le 15. d'août en 1673. que
LEEUWENHOECK parla de l'exiftence des
globules rouges dans la compofition du fang.
Tranf. Philofoph. n°. 102.

(b) On peut croire que c'eft l'idée de QUES-
NAI, par ce qu'il dit *œconom. anim.* Tom. 3.
pag. 36. L'on peut voir ce que dit là deffus l'illuftre M. SENAC *Traité du cœur* Tom. 2,
pag. 662.

nion d'un grand nombre de globules, puifque j'ai fouvent vû dans les plus petits vaiffeaux des globules folitaires très rouges, fe fuivre à la file ; pendant que l'amas d'un grand nombre dans les gros vaiffeaux (c) paroiffoit jaune & même pale.

Le volume des globules eft très petit ; en regardant avec le même microfcope folaire un globule & une petite plume de l'aile d'un papillon, il m'a paru au moins mille fois plus petit ; & je ferois très porté à admettre les mefures des Anglois, qui ont écrit, qu'il falloit (d) 1940 ou même (e) 3240 diametres d'un globule, pour faire un pouce ; je croirai même volontiers qu'il en faut davantage. En les examinant avec une lentille, qui fait paroitre le diametre des objets deux cent cinquante fois plus grands, ils ne m'ont pas paru avoir plus d'un vingtieme de pouce de diametre, ce qui donne pour le rapport de ce diametre à un pouce 1. 5000.

L'on a mis en queftion depuis peu leur figure, & l'on a douté, s'ils étoient fphériques, ou fi leurs differens diametres étoient inegaux ;

(c) Ce font ces vaiffeaux, dans lefquels le célebre M. de Sauvages dit qu'on ne trouve que des globules jaunes. *Pulfus Theor.* pag. 24.
(d) Jurin *Phil. Tranf.* n°. 377. art 7.
(e) Hales *Hæmaftat.* p. 56. dans fes remarques.

inegaux ; LEEUWENHOECK (*f*) &
G. W. MUYS (*g*) ont trouvé, que ceux
des poiſſons, & des autres animaux à ſang
froid, étoient applatis, & en même tems
ovales, de façon que chaque globule a
trois diametres differens ; le plus grand eſt
celui de la longueur ; la largeur forme le
moyen, & l'épaiſſeur le plus petit. M. MI-
LES (*h*) & M. SENAC (*i*) leur ont donné en général une figure lenticulaire ; ce
dernier ſurtout établit, qu'ils ſont ellip-
tiques & plats dans les grenouilles ; il
croit même avoir apperçû un tranchant
preſque tranſparant dans la circonference.

Je les ai obſervé ſouvent, & j'ai examiné ſurtout les demi circonferences des
globules, qu'on voit former une petite é-
minence ſur les membranes des veines ;
ils m'ont parû épais dans les grenouilles,
& en tenant compte des variations, que
produiſent la lumiere & les ombres, le
diametre de l'épaiſſeur, m'a paru égaler
celui de la longueur ou du moins en
approcher beaucoup. Le diametre de la
largeur ne m'a pas ſemblé plus petit ; il eſt
au reſte très difficile de juger bien poſitive-
ment d'un objet auſſi petit & auſſi mobile.

Ce

(*f*) *Experim. & contemp.* T. 2. p. 73. & ſeq.
(*g*) *Fabric. muſcul. or.* p. 300. & ſ.
(*h*) *Tranſ. Philoſ.* n°. 450. p. 726.
(*i*) l. c. p. 656.

Ce qu'il y a de certain, c'eſt que toutes les fois, que j'ai vû des globules épanchés ſe mouvoir entre les membranes du
méſentere, je n'ai jamais trouvé, qu'un
diametre fut plus grand que l'autre, &
je doute que le coup d'œil m'ait trompé. Ceux qui ſe font ſervis du microſcope ſolaire, ont auſſi trouvé les molecules
ſphériques, quoique cet inſtrument rende
les peripheries moins claires, que les lentilles ordinaires. M. BAKER après avoir
obſervé les globules avec ce microſcope,
les compare à des grains de poivre (k).

L'on peut demander, s'ils ne changent
point de figure? Il y a long tems que
pluſieurs auteurs diſtingués (*l*) ont écrit,
que la compreſſion, que les globules eſſu-
yent en paſſant dans les extrêmités des
petits vaiſſeaux, change leur figure; que
les diametres deviennent inégaux; le plus
long étant celui qui eſt parallele à l'axe,

B 2

&

(k) *Phil. Tranſ.* n°. 458 p. 517.
(*l*) Antoine van LEEUWENHOECK *exper.
& contempl.* p. 61. & ailleurs. JAQUES KEIL
of *muſcular motion* p. 163. H. MILES *Philoſoph. Tranſact.* n°. 460. M. SENAC *Traité du
cœur* l. 2. p. 657. L'illuſtre M. van SWIETEN
[qui dit l'avoir vû dans les vaiſſeaux pulmonaires des lézards d'eau, *Commentar. in aphor.*
BOERH. Tom. 1. p. 145.] F. W. HORCH
Miſcel. Berolinenſ. Tom. 6. p. 115. & pluſieurs
autres auteurs.

& le plus court celui, qui eſt parallele au diametre du vaiſſeau. Je ne diſconviens pas d'avoir vû quelque choſe de ſemblable, ſurtout quand les globules traverſent les contours de quelque courbure des petits vaiſſeaux ; mais je ne voudrois point donner ce fait comme bien averé.

Je trouve cependant trop déciſifs feu M. P L A T N E R (*m*), & tous ceux, qui, comme lui, ont nié les globules, ou les ont regardé comme des maſſes adipeuſes ou graiſſeuſes ; puiſque bien ſurement ce ſont des molecules diſtinctes, circonſcrites, d'une nature différente des autres humeurs, toujours ſemblables à elles mêmes, & totalement indépendantes d'une formation fortuite.

Quoique quelques auteurs (*n*) en ayent penſé, l'on trouvera hors de toute vraiſemblance qu'elles renferment de l'air, ſi l'on fait attention à leur ſolidité, qui eſt ſenſible à l'œil, & à ce que nous ſavons d'ailleurs, que la partie rouge du ſang

eſt

(*m*) Diſſert. *de noxis cohibit. ſuppurat.* n°. 6. H A R T S O E Z E R *extraits* p. 5.

(*n*) J. B O H N Circ. p. 179. George C H E Y-N E *Philoſophic. Principes of relig.* p. 304. G. Erhard. H A M B E R G E R *Phyſio.og. Medic.* p. 16. 17. T. K N I G H T *Vindication* p. 41. & quelques autres.

eft la plus pefante (*o*), & fe précipite au fond de la férofité (*p*). Et l'on ne pouvoit pas préfumer autrement de ces globules, qui contiennent du fer, dont la pefanteur fpécifique eft à celle de la férofité comme 7 à 1. Ce qui prouve encore, qu'ils ne contiennent point d'air, c'eft qu'en approchant la bougie du méfentere d'une grenouille, de façon à rechauffer le fang au point prefque de le bruler, les globules ne fe font abfolument point dilatés, ce qui feroit néceffairement arrivé, s'il y avoit eu de l'air renfermé. Ils ne fe dilatent point non plus dans la machine du vuide, après qu'on a pompé l'air (*q*). Ces faits réünis nous apprennent, ce que nous devons penfer des hypothefes fondées fur la fuppofition, que les globules font des bulles remplies d'air.

J'ai obfervé plufieurs métamorphofes des globules ; la premiere qui arrive très aifément, c'eft leur coagulation. Il fe for-

B 3

me

(o) J u r i n *Differt*. VIII. p. 99. donne la proportion du poids des globules rouges à celui de la férofité comme 1054. 1030. & le célebre M. Thomas S c h w e n k e comme 1240. 1142. *hæmatolog*. p. 123.

(*p*) M o r g a n *Philofoph*. *Princip*. p. 114. & fuiv. Une goutte de fang qu'on laiffe tomber dans de l'eau fe dégage de fa graiffe, & fe précipite à fond.

(*q*) J u r i n *differtat*. pag. 100.

me des grumeaux par la réünion de huit ou d'un plus grand nombre de globules, qui ferment très souvent le paſſage du ſang dans les vaiſſeaux, ſurtout dans les endroits où il ſe trouve des Aneuriſmes ou des varices. Il arrive cependant, que la force du cœur prévaut, force ces caillots & rend la liberté des paſſages. Cela arrive dans les grands aneuriſmes ; j'en ai vû un immenſe au col, qui occupoit toute la carotide, je le trouvai rempli de ſang épais & polipeux ; quelques auteurs célebres (r) l'ont remarqué avant moi, & LEEUWENHOECK (s) l'avoit déja vû dans les grenouilles.

Une ſeconde métamorphoſe des globules rouges, c'eſt celle qu'ils ſubiſſent, quand ils perdent leur mouvement dans les veines. Ils ſe reduiſent alors en huile, & enſuite en eſpece d'onguent, dans lequel on découvre quelques lignes, telles qu'on en voit dans les huiles qui diſtillent. Mais dans le grand nombre d'expériences que j'ai faites ſur les grenouilles, je n'ai jamais trouvé, qu'ils s'arangeaſſent en réſeaux polygones. Ce changement, au reſte ,

(r) Par rapport aux Varices M. de SANDRIS *de natura ſanguinis* p. 218. par rapport aux Aneuriſmes, les *Memoires de l'Academie Royale des Sciences* an. 1707. p. 21.
(s) *Experiment. & contemp* p. 179.

rette, ne détruit point la nature des globules : la faignée ou la chaleur, détruilent aifément cette onctuofité, & retablissent la diftinction entre chaque globule. Mais quand ils font fortis de leurs vaifleaux, foit arteriels foit veineux, non feulement dans les animaux à fang chaud, mais même dans la grenouille, ils fe forment en grumeaux.

Un autre changement confiderable du fang, c'eft la formation des caillots qui ferment les vaifleaux bleffés ; j'en parlerai après avoir dit quelque chofe de la partie tranfparente du fang, dont on ne fe fait aucune idée, tant qu'on n'obferve que des vaifleaux remplis. Car dans les arteres, ou dans les veines d'une grenouille bien portante & bien repue, les globules rouges paroiffent fi fort les remplir en entier, qu'on ne foupçonneroit pas même, qu'ils puffent contenir autre chofe. M. V. MENGHINI (t) a cru, qu'il y avoit proportionellement moins de globules rouges dans les grenouilles, que dans les hommes, mais je n'imagine point comment on pourroit y en placer davantage, puifqu'ils rempliffent les canaux de façon, qu'on ne peut y découvrir aucun point tranf-
B 4   parent.

(t) Commentar. Acad. Bonon. T. 2. p. 2 p. 238.

parent. Et M. PUJATI (*u*) a bien rai-
lon quand il dit, qu'on n'apperçoit pas
fa férofité tranfparente, dans laquelle les
globules nagent.

Mais malgré cette impoffibilité d'appercevoir dans de certaines circpnftances la
férofité, il eft aifé de démontrer pour les
petits vaiffeaux d'un globule de diametre,
qu'ils contiennent une liqueur plus fine. Il
fuffit pour cela de faire attention aux intervalles confidérables, qu'on obferve dans
la file des globules, qui fe trouvent fouvent éloignés les uns des autres, & qui
coulent pourtant d'un mouvement conti-
nu, preuve évidente, qu'il y a entre les
globules éloignés, un fluide, qui fert à tranf-
mettre de l'un à l'autre, jufques à ceux
des extrémités les plus éloignées du cœur,
le mouvement qu'ils impriment, à ceux qui
les touchent immédiatement. De plus,
l'on voit très fréquemment dans les groffes arteres, des places qui paroiffent vuides, & dans lefquelles les globules rouges n'occupent, qu'une bien petite partie
de la cavité du vaiffeau. L'on fent que
ce vuide apparent doit néceffairement être
rempli par quelque liqueur tranfparente.
Comment fe pourroit il effectivement, que
des vaiffeaux membraneux, tels que les
arteres

(*u*) *De morbo Naronienfi* p. 104.

arteres & les veines, reftafient dilatés, s'ils n'étoient pas pleins ? J'ai vû fouvent des globules rouges entrainés vers une cavité aneurifmatique, qui en étoient repouffés, avant que d'avoir touché aucun fang rouge, preuve démonftrative, qu'ils avoient rencontré quelque autre fluide, qui m'étoit invifible, & qui leur avoit refifté.

Mais l'exiftence de ce fluide tranfparent fe démontre plus évidemment encore, quand on faigne quelque artere ou quelque veine. Car après que la force du premier jet s'eft arrêtée, & que le fang coule avec plus de lenteur, l'on voit fe répandre autour de la playe une efpece de nuage, compofé d'une liqueur, qui blanchit peu à peu, & qui fe change dans un tubercule, qu'on croiroit formé par les membranes mêmes du vaiffeau, & au milieu duquel on découvre un point rouge, qui eft fitué précifément fur l'ouverture du vaiffeau. L'on voit bientot après la playe fe refermer fous ce tubercule, & le fang reprendre fon cours naturel dans le vaiffeau. L'on ne fauroit nier que ce nuage ne foit formé par une liquenr blanche, quand on a vû, que les globules épanchés entre les membranes du méfentere ou des arteres, ne fubiffent point un changement femblable, mais qu'ils forment d'abord de petits pelotons féparés, & enfuite cette onctuofité dont j'ai parlé

 plus

plus haut. L'on reconnoit au reste parfaitement, & le caillot rouge qui ferme
les (*w*) grandes playes, & cette concre-
tion blanche (*x*) dont je viens de parler,
qui donne naissance aux polipes, & à ces
lames blanches, qu'on trouve si souvent
dans les aneurismes, & que j'ai même
vû tapisser la membrane interne de la carotide & de la jugulaire (*y*).

Mais je n'ai jamais pu distinguer les parties, qui contistuent cette liqueur blanche,
même avec des microscopes, qui grossis-
sent beaucoup plus, que ceux de L E E U-
W E N H O E C K. Et j'ai bien de la peine
à croire, qu'on puisse découvrir des globules jaunes plus petits, que les rouges ; ou
qu'on se soit assuré, qu'ils soient une suite

(*w*) André P A S T A *de motu sanguinis post
mortem*, Epist. 2. n°. 75. P E T I T *Memoires de
l'Acad. Royale des Scien.es* 1732. p. 394. &
1735. p. 442. M. M O R A N D *ibid.* 1736. M.
M O N R O O *Med. Essais of the Societ.* of Edimb.
t. 2. p. 273. *Mem. de Chirurg.* t. 2. p. 537. 542.
544. 117.
(*x*) M. R E M U S dans la dissert. que j'ai déja citée. M. S E N A C t. 2. p. 92. 460.
(*y*) J'ai donné cette observation dans le pro-
gramme de la dispute de M. G. Z I N N, &
dans les opuscules pathologiques. On lit dans
les *Memoires de l'Acad. Roy. des Scienc.* 1732.
p. 393. & *suiv.* l'histoire d'un Aneurisme faux,
dans lequel on trouva une masse formée de lames nées de la limphe épaissie.

te de la divifion des fpheres rouges, &
qu'ils puiffent par leur réünion redevenir
globules de cette couleur. Ce font là des
faits de raifonnement, auxquels on donne un air très plaufible (z), mais qu'il
eft impoffible de fonder fur l'obfervation,
puifqu'elle ne nous offre aucun globule
plus petit, que ceux de la claffe rouge,
& ne nous apprend rien fur leur refolution en de plus petits globules. L'illuftre
M. Senac (a) eft de mon avis, & je
m'en fais un honneur.

Je n'ai jamais vû de graiffe dans le fang
des grenouilles, & je foupçonne fort que
ce que Malpighi a cru en être, n'é-
toit que des bulles d'air, femblables à celles que j'ai vû fouvent parcourir les vaiffeaux fanguins avec beaucoup de rapidité,

&

(z) Leeuwenhoeck parle fouvent de
globules, plus petits que les lentilles rouges
Experim. & contemp. p. 2. 3. 12. 15. 50. Depuis lui M. Boerhaave, & prefque tous
les Phifiologiftes, ont bati fur ce fondement.

(a) *Traité du cœur* t. 2. p. 91. 660. Il
croit que cette erreur eft venue de ce, qu'un
globule rouge, vû feul, paroit quelquefois jaune. Le *coagulum* que forment les globules crou-
piffans, peut avoir donné lieu à l'idée de leur
compofition, par la réunion des globules d'un
ordre inferieur; & l'opinion qui forme les globules jaunes du débris des rouges, vient de la
diffolution de ce *coagulum*, faite par la chaleur ou par la pourriture.

& que REDI (*b*) & CALDESI (*c*) avoient déja observé dans les veines des grenouilles.

Je ne conclus point de cette expérience, qu'il y ait de l'air dans les vaisseaux d'un animal bien portant ; puisque de cinquante expériences, il n'y en aura peut-être qu'une, dans laquelle on puisse remarquer ces bulles aériennes ; que d'ailleurs on les apperçoit seulement, quand on a fait à quelque gros vaisseau une blessure, par laquelle l'air s'est introduit ; & jamais quand on a operé assez habilement, pour n'en point faire. Elles sont d'ailleurs d'un volume au moins mille fois plus gros, que les globules sanguins ; & il est impossible par là même, qu'elles passent dans les petits vaisseaux d'un globule de diametre.

Je n'ai point découvert de filamens dans le sang, & il seroit impossible, que de longs corps flexibles pussent par une base si étroite, recevoir autant de mouvement, qu'il leur en faudroit, pour surmonter les resistances des petits vaisseaux (*d*).

Il

(*b*) *Epist.* ad M. STENON. Cette lettre se trouve dans le supplement au *Giorn. de letterati.* Tom 3. p. 86.

(*c*) *Osserv. anat. intorno alle Tartarughe* p. 67.

(*d*) L'on peut voir les raisons de M. SENAC Tom. 2. p. 103. 104.

"Il me refte à ajouter, que je n'ai jamais pu voir bien diftinctement les globules dans les animaux à fang chaud. Si à l'imitation de LEEUWENHOECK & d'Antoine de HEIDE, vous recevez vôtre fang dans un tuyau capillaire, les parois de ce tube répandent tant d'obfcurité, quand on approche la lentille, qu'il eft impoffible de rien démèler (e); fi l'on effaye après moi d'étendre une fouris, comme l'on fait une grenouille, fur le porte objet du microfcope de M. LIEBERKUHN, l'opacité des lames du méfentere cache entierement les vaiffeaux; & fi l'on enleve ces lames, pour mettre les vaiffeaux à nud, l'impreffion de l'air froid coagulant le fang, l'on n'apperçoit que des branchages femblables à du corail.

L'on ne trouve point de différence entre le fang artériel & le fang veineux des grenouilles; l'un & l'autre fe condenfent également en lames rouges. Mais dans le chien mème, & dans d'autres animaux à fang chaud, je me fuis affuré cent fois, qu'il n'y avoit aucune différence par rapport à la couleur & à la facilité de fe coaguler, entre le fang de l'artere ou de

la

(e) L'on trouve le mème expérience dans la differt. de M. RAMUS p. 39.

la vaine pulmonaire ; & ce font des évè-
nemens uniques, qui m'ont fait voir dans
un chien, & dans un gros rat, l'artere &
la veine crurale, donner des liqueurs d'u-
ne couleur différente, la premiere un fang
très rouge, & la veine un fang noir. On
ne doit pas atribuer cette différence de couleur à l'action des poumons ; J'en ai vû
une bien plus frappante dans la veine d'u-
ne grenouille ; elle étoit remplie de deux
torrens de fang différemment colorés. La
colonne, qui venoit du cœur, étoit pour-
prée, & celle qui revenoit du coté des
inteftins n'étoit que jaune pale. Et en
général, quelle que foit l'action du cœur
& du poumon fur le fang, la rapidité a-
ves laquelle cette liqueur traverfe fes vaiffeaux, le peu de fejour qu'elle fait dans
le poûmon, & l'extrème petiteffe du tems
qu'il faut, pour faire du fang artériel de
celui qui venoit d'ètre veineux, prouvent
qu'il ne peut fe trouver, qu'une bien petite différence entre le fang artériel de la
veine pulmonaire, & le fang veineux de
la veine cave (ƒ). D'ailleurs comme l'un
& l'autre fang contiennent les mèmes globules, leur différence ne peut confifter,
que

(ƒ) Il y a long tems qu'un homme né pour
obferver, l'immortel HARVEY, a cru qu'on
ne devoit faire aucune attention à cette différence.

que dans la proportion de ces globules a-
vec l'humeur limpide ; ou dans la nature
de cette même humeur. Mais les liqueurs
blanches échappent à nos yeux ; & les expériences qu'on a fait, pour décider la proportion des globules au *serum* dans l'un
& l'autre sang, ne s'accordent point (*g*)
entr'elles.

Il est rare que le lait & le chile paroissent
dans le sang ; j'ai vû cependant distinctement un chile très blanc, couler dans la
veine axillaire ; & j'ai contemplé attentivement l'oreillette droite, qui, à chaque
pulsation, lançoit une humeur blanche dans
le cœur.

CHAPITRE TROISIEME.

Du Mouvement du Sang arteriel.

LE premier motif, qui m'a déterminé à
examiner cette matiere à fond, c'est
l'oppo-

(*g*) Plusieurs auteurs croyent le sang artériel
plus dense, & entr'autres M. de SAUVAGES
de inflammat. p. 244. D'autres trouvent plus
d'eau dans les arteres, & leur sang par là même
plus fluide. M. HAMMERSCHMID mon éleve, l'a trouvé plus léger dans des expériences
très recentes. Cette variété dans les observations sert à prouver, s'il y a de la différence entre les deux sangs, qu'elle est bien peu considerable.

l'opposition que j'ai trouvé entre les idées adoptées presque par tous les Phisiologistes & mes expériences. Les découvertes que j'ai faites & constatées par l'ouverture d'un très grand nombre d'animaux vivans & morts, sont si différentes de ce qu'on enseigne ordinairement dans les Universités, que je n'espere point de les voir adoptées, jusques à ce que d'autres Anatomistes ayent réiteré les mèmes expériences. Il faut mème les réiterer bien souvent pour se familiariser avec la Nature, pour apprendre à distinguer ce qui est ordinaire & constant, de ce qui n'est qu'extraordinaire & accidentel. Toutes les fois, qu'il m'est arrivé d'observer quelque phénomene, qui me paroissoit de quelque importance, ou qui renversoit quelque point des théories reçuës, j'ai verifié la mème expérience, dix, vingt fois, & davantage, en un mot, jusques à ce que je me fusse assuré de la certitude & de la constance du phenomene ; n'ayant jamais rien craint autant, que de donner pour vrai un fait, sur la réalité duquel il me restoit quelque doute.

Pour garder de l'ordre dans ce Memoire, je commencerai par le cours du sang artériel. L'unanimité des sentimens sur l'existence de son mouvement depuis le cœur jusques aux extrémités, auroit pu me suffire pour m'assurer, que je n'erre pas en

l'adl'admettant ; j'ai cependant mieux aimé joindre à ce témoignage celui des expériences, & faire toutes celles qu'on pouvoit tenter, tout comme si HARVEY & WALEUS n'en euffent point fait, perfuadé qu'il en refulteroit un double avantage. Des expériences réïterées donnent un nouveau degré de force, à ce que ces grands hommes nous ont appris ; & je pouvois efperer de découvrir quelques vérités, qui leur feroient échapées ; efpérance fondée fur une bonté, que je connois à la Nature. On ne la confulte jamais en vain, & elle recompenfe toujours les travaux de ceux qui l'étudient. Je commencerai l'hiftoire du mouvement du fang, par ce qu'on en découvre fans ouvrir les vaiffeaux.

D'abord je me fuis affuré, que le fang, pouffé par le cœur, dilate les arteres, & forme ce battement, qu'on appelle le pouls. Ce phénomene manque quelquefois dans les animaux à fang chaud, peut être parce que le froid de l'air extérieur coagule le fang dans les vaiffeaux ; l'on a même nié, qu'on trouvât le pouls dans les ouvertures des animaux vivans (a).

C

J'ai

______

(a) M. STEHELIN, differtat. *de pulfu* pag. 9. nous apprend, qu'on a vû à Montpellier un chien vivant, qui n'avoit point de pouls fenfible.

J'ai cependant vû très souvent dans les chats, les chiens & les brebis, le pouls des arteres. Elles s'étendent & frappent le doigt qui les touche, dans le tems de la contraction du cœur. Si on les lie, non seulement leur saut est plus sensible, mais on les voit s'allonger, surtout quand on les envisage attentivement à l'endroit de quelque courbure ; où l'on apperçoit très distinctement, lors même qu'il n'y a point de ligature, que la partie de l'artere la plus proche du cœur s'allonge, & fait par là même avec l'autre branche, un angle plus aigu (*b*). La figure conique des arteres contribue beaucoup à la production de ce phénomene, parce qu'elle fait, que l'impulsion du sang contre les parois des arteres est (proportionellement à la **distance**), d'autant plus grande, qu'elles sont plus éloignées du cœur. Des expériences faites sur les arteres, & même sur des rameaux très petits, comme ceux des mammaires & d'autres, m'ont prouvé, qu'elles battent toutes à la fois, sans en excepter l'artere coronaire, quoique des grands hommes ayent dit,

(*b*) M. WEITBRECHT *Comment. Acad. Petrôp.* Tom. 7. pag. 317. dit que toute l'artere change & se déplace, & l'illustre M. van SWIETEN a vû les petites arteres d'un doigt, presque emporté, s'allonger à chaque pulsation. Tom. 2. p. 76.

dit, que cette petite artere bat lors de la diastole des autres ; mais l'ayant ouverte à différentes fois avec le scalpel, j'ai toujours vû, qu'elle jaillit dans le tems de la contraction du cœur, & que le sang en coule lentement dans le tems de son relachement (*c*).

Le pouls ou la pulsation des arteres cesse d'être sensible, dans les arteres qui n'ont qu'un sixieme de ligne de diametre. Je l'ai observé sur les membranes des intestins d'un animal vivant, à la derniere courbure d'une artere, & dans la branche supérieure à l'angle, mais il se perdoit dans celle qui étoit au delà.

L'auteur qui a ecrit depuis peu que (*d*) l'artere bien loin de se dilater, se contracte dans le tems du pouls, se convaincra par l'exemple du cœur & de la verge, qu'une liqueur poussée dans un canal fle-

C 2 xible,

(*c*) M. STARKE rapporte la même expérience dans son excellente dissertation *de reliquis instrumentis quibus sanguis in circulum* &c. nº. 22.

(*d*) *Otia phisiologica*, pag. 26. Il n'a fait au reste que renouveller l'idée de Jaques PRIMEROSE, le premier adverfaire de la circulation, qui écrivoit positivement, que dans le tems de la sistole, l'artere devenoit plus élevée & plus étroite ; il donne en même tems la figure de ce changement tel qu'il l'imagine, *Destruct. fundamentor* PLEMPII, 87.

xible, peut le rendre plus long & plus large en même tems.

J'ai compté le nombre des pouls, dans un tems fixe, beaucoup plus souvent qu'on ne le fait ordinairement ; & j'ai diverti par là plus d'une fois l'ennui qu'entrainoient mes maladies. J'ai trouvé que le matin, quand la chaleur occasionnée par le lit étoit bien dissipée, mon pouls battoit un peu moins fréquemment que le soir ; le nombre des battemens dans une minute étoit de 70, 76 à 80, & ce nombre est d'autant plus petit, qu'on a moins de disposition à la fievre ; car dans les hypocondres, accablé par les insomnies, suant des nuits entieres, je n'en trouvois que 66 à 68. En général, dans un homme phlegmatique, l'on compte 60 battemens par minute, dans un homme vif l'on en compte depuis 66 jusqu'à 80. Le repas augmente ce nombre de dix ou douze par minute. Et de là vient que les convalescens, qui relevent d'une grande maladie, en ayant souvent pour leur nombre ordinaire 90 pulsations ou davantage ; cette augmentation, que le repas procure, leur en donne jusques à 100 & 108, ce qui fait un état de fievre. Quand le tems du sommeil approche, le nombre des pulsations augmente jusques à 80 & 84 (*e*) ; c'est
là

____

(*e*) SCHWENCKE, pag. 10.

là fans doute une des caufes de ces redoublemens, qui arrivent tous les foirs dans
les fievres ; car 10 pulfations ajoutées à
110, qu'on trouve fouvent dans une fievre mediocre, en donnent 120, ce qui fait
alors une fievre, qu'on ne pourroit pas fou-
tenir long tems.

Dans les jours libres des fievres inter-
mittentes, l'on trouve ordinairement 94
pulfations, & s'il y a un peu de fievre 100 ;
les fievres catarrales les plus douces en ont
110, 118 & meme jufqu'à 120 dans leur force. Dans les redoublemens de la fievre quo-
tidienne, on en compte ordinairement 114,
& dans les violentes fievres éréfipelateufes,
ou miliaires, ou dans les accès de fievre tier-
ce, ce nombre augmente jufqu'à 130 ou
134, au de là il n'eft prefque plus poffible
de compter, & l'on n'apperçoit qu'un fre-
tillement continuel. L'accès eft toujours fini, quand on ne trouve plus que 90 pulfations, & le danger même d'une fievre ai-
guë paffé, quand une fois le pouls en eft
revenu là.

Le pouls n'eft point une regle pour juger de la chaleur ou de la fueur. J'ai fué
fans dormir avec 66 pulfations ; j'étois très
fec avec 134. Avec les mêmes 66 j'ai eu
une chaleur médiocre fans fueur, & avec
100 auxqu'elles la fievre s'étoit reduite,
je me fuis trouvé dans le bien être d'un
homme, qui n'a ni chaud ni froid. J'ai ob-

C 3

ferve

fervé ces mêmes variations dans une femme d'un temperament & d'un age differens du mien.

J'ajoute en paſſant ces phénomenes qu'offre le pouls. Si l'on fait une ligature à l'artere, le pouls ceſſe dans la partie de l'artere, qui eſt inférieure à cette ligature; FALLOPE qui avoit déja fait cette expérience, s'en eſt ſervi pour prouver contre la doctrine de l'ecole, que le pouls ne dépendoit pas d'une force propre à l'artere (*f*). L'Aneuriſme ne produit point à cet égard l'effet d'une ligature; j'ai obſervé ſouvent des aneuriſmes artificiels dans les grenouilles; le mouvement du ſang paroit effectivement plus lent dans la tumeur même, mais on retrouve au pouls ſa fréquence naturelle, quand on le tâte au deſſous de l'aneuriſme; du moins l'ai-je trouvé ainſi dans les expériences que j'ai faites ſur les grenouilles. HARVEY a bien auſſi retrouvé le pouls ſous l'aneuriſme, mais il dit qu'il étoit plus foible (*g*).

Les Medecins modernes diſent, que le pouls eſt produit par l'onde du ſang qui ſortant du cœur ſe trouve avoir plus de viteſſe, que celle qui la précedoit, & qui l'a perdue par la reſiſtance des petits vaiſſeaux : l'obſtacle que celle ci fait à l'onde

qui

______

(*f*) *De partibus ſimilaribus*, pag. 100.
(*g*) Diſſertat. *de circulo ſang.* Tom. 2. p. 215.

qui la fuit, est cause, que son cours direct s'arrête, & qu'une partie de sa pres-
sion se jette lateralement contre les parois
des vaisseaux, & les éleve (*h*).

Ce qui me persuade, que la figure conique
n'est point la principale cause des pulsations, c'est qu'elles ont lieu, & qu'elles sont
même très fortes dans les carotides, qui ne
sont pas sensiblement coniques; & qu'on
les apperçoit dans les plus petits vaisseaux
cilindriques.

Dans les grenouilles cette accélération
du sang artériel, que produit la sistole du
cœur (*i*), n'est pas sensible, même au

C 4 mi-

(*h*) M. DE SAUVAGES *de pulsu* p. 19. &
dans ses notes sur *l'Hemastatique de* M. HA-
LES pag. 278.
(*i*) Antoine de HEIDE *de vena section. experiment.* pag. 6. Henri BAKER *microscop: made easy* pag. 136. & Georg. ADAMS pag. 45. ont
observé cette accélération. LEEUWENHOECK
experim. & contemp. pag. 167. a nié, qu'on l'ap-
perçut dans les petits vaisseaux, & la théorie de
Bryan ROBINSON la conduit à la même né-
gative, *anim. œconom. propos.* XI. Il est aisé
de concilier ces deux sentimens differens, par
une supposition très naturelle, c'est que ces différentes observations ont été faites en differens
tems. LEEUWENHOECK a observé, pendant
que l'animal conservoit encore sa vigueur, & les
autres, quand il en avoit perdu une grande partie.
Ce qui confirme certe idée, c'est que LEEU-
WENHOECK lui-même décrit ce phénomene
dans un autre endroit. *Exper. & contemp.* t. 2.
p. 175. & t. 3. p. 114.

microſcope, tant que l'animal conſerve ſes forces ; mais on la remarque, dès qu'il commence à s'affoiblir, & l'on voit alors diſtinctement, que la nouvelle onde qui vient du cœur pouſſe & chaſſe celle qui la précede. L'œil, qui ne peut pas appercevoir la difference de 1001 à 1000, diſtingue très bien celle de 11 à 10, quoique l'une & l'autre ne ſoit que d'une unité. Après la pulſation l'artere reſte également pleine, & quoique ſon diametre diminue, elle ne ſe vuide pas pour cela.

Il ne ſuffit pas pour la formation du pouls, que le cœur pouſſe le ſang contre l'artere, il faut de plus que cette artere ſoit extenſible & capable de ceder à cette preſ-ſion ; ſi elle eſt trop forte le mouvement du ſang aura lieu, mais il ſe fera directe-ment comme dans un canal de verre, & ſans aucune élévation des parois. Dans les grenouilles, l'aorte, l'artere pulmonai-re, les gros vaiſſeaux du bras ont des pul-ſations ſenſibles ; mais l'aorte deſcendante & les plus gros troncs méſenteriques n'en ont point ; leurs membranes ſont trop fortes pour cela, & il eſt impoſſible qu'el-les cedent à l'impulſion que le cœur peut donner au ſang : c'eſt un fait que j'ai vû mille fois, & que je ſuis ſûr de revoir toujours le même (*k*). J'ai vû très ſou-vent

(*k*) M. de SAUVAGES *Pulſ. Theor.* pag. 24.

vent une veine, couchée fur une artere de façon à partager fes plus petits mouvemens, qui reftoit entierement immobile à la pulfation de l'artere. Les arteres offifiées font auffi fans pouls (*l*), & c'eft bien à propos que la nature n'a pas voulu que les arteres des grenouilles, qui ne fe contractent pas, puffent ètre fufceptibles de dilatation.

Une feconde loi du mouvement du fang dans les arteres, qu'on découvre fans les ouvrir, c'eft qu'il eft porté du cœur à toutes les extrémités ; on le prouve par les ligatures. J'ai repeté les expériences D'HARVEY ; j'ai lié la plûpart des arteres d'un animal. La premiere eft l'aorte, que j'ai lié très frequemment à une petite diftance de fa fortie du cœur dans des anguilles, des grenouilles, des chiens, des chats & d'autres animaux. Il eft étonnant combien elle s'enfle entre la ligature & le cœur, elle devient d'un rouge brillant, & s'allonge fenfiblement à chaque pulfation ; pendant que le cœur eft violemment agité par l'irritation continuelle de ce fang, dont il cherche inutile-

C 5 ment

24. poftérieurement à la verité à ces expériences, & mon éleve M. REMUS p. 48. ont parlé de ce manque de pouls dans les grenouilles, aparemment d'après mes obfervations.

(*l*) M. SENAC Tom. 2. pag. 225,

ment à se débarasser. Cette ligature est une des causes, qui soutiennent le mouvement du ventricule gauche très long tems, après que le droit a perdu le sien, comme je l'ai amplement detaillé ailleurs (*m*). Quand on touche l'artere au dessous de la ligature, on n'y trouve point de pouls, & quand on la pique, elle ne donne point de sang (*n*) de ce coté là.

J'ai lié ensuite l'artere pulmonaire, ce qui ne se fait pas sans beaucoup de difficultés; & j'ai vû les mèmes phenomenes, qui se présentent après la ligature de l'aorte; le ventricule droit extrèmement plein, & extrèmement agité, & l'artere pulmonaire excessivement gonflée, qui lance son sang, quand on la perce, avec presque autant de force, que l'aorte mème.

Ces expériences sont peu d'accord avec ce qu'avance un célebre Medecin géometre dans plus d'un endroit (*o*) „que les „ligatures font moins gonfler les arteres que „les veines, & que le gonflement qu'elles „procurent aux arteres est presque insensi-„ble." Il est cependant certain, que l'aorte d'une grenouille, qui n'est pas plus grosse, qu'une

<hr>

(*m*) *Commentar. Societ. Regiæ Gœtting.* Tom. 1. pag 262. Ce mémoire se trouve reimprimé à la suite de celui-ci.

(*n*) Drelincourt *Canicid.* 1.

(*o*) *Theoria tumor.* p. 19. *Pulsus theor.* p. 26.

qu'une de ces petites arteres du corps humain, auxquelles les Anatomiftes ne font aucune attention, s'enfle prodigieufement, quand on la lie, ou quand on la comprime ; & pour que l'expérience réüffiffe, comme M. de S A U V A G E s l'a décrite, il faut apparemment, que l'on faffe la ligature à une artere, dont le tronc peut fe décharger dans quelque rameau fupérieur à cette ligature, & qu'on ne lie que de bien petites arteres. Si par exemple on lie les arteres méfenteriques d'une grenouille, qui ne feroient que des vaiffeaux capillaires dans un chien, le fang refte d'abord immobile dans le rameau qu'on a lié, fans qu'il fe forme aucune enflure ; bientôt après il retrograde dans les rameaux voifins, & laiffe fon vaiffeau entierement vuide jufqu'à la ligature, & rempli au deffous par le fang qui y étoit, & dont la ligature a arrêté le mouvement. Ce fait fingulier (p) paroit dépendre de la dureté de l'artere, que la force du cœur ne peut pas vaincre dans cet animal ; d'un mouvement d'attraction dont je parlerai ailleurs, & de la facilité, que le fang trouve à paffer d'un rameau dans un autre. L'on doit remarquer au refte avec M. de

S A U-

______

(p) M. R E M U S en a été temoin tout comme moi. P. 49. 50,

Sauvages, que le sang ne fait pas toujours autant d'efforts contre les vaisseaux obftrués, que quelques Phifiologiftes (*q*) l'ont conjecturé; mais qu'il paffe infenfiblement & fans efforts dans les vaiffeaux voifins, qu'il dilate fucceffivement. C'eft ainfi que les vaiffeaux du baffin deviennent plus gros, après la ligature des arteres ombilicales.

Quand on lie une artere dans les animaux à fang chaud, il fe forme fur le champ au deffus de la ligature une tumeur confiderable, qui diminue cependant peu à peu, quoiqu'on laiffe fubfifter la ligature, & qui fe change enfuite en ligament, dont l'intérieur eft rempli par une fubftance blanche filamenteufe. Cela arrive dans les arteres ombilicales, dans les vaiffeaux arteriels obftrués; dans l'artere carotide même, fuivant l'expérience de M. Emet (*r*). Je ne vois point dans tous ces faits, comment M. de Sauvages a pu conclure, que la ligature occafionne moins de tumeur dans les arteres que dans les veines; l'expérience fur l'aorte des grenouilles',

---

(*q*) Cheselden dans l'ouvrage deja cité p. 203, Hoffmann de *Elafticit. fibrar.* p. 9. 10. où il rapporte l'expérience des grenouilles, qui, affurement, fait contre lui : L'illuftre M. Senac t. 2. p. 172.

(*r*) *Tentamen* 2. p. 27.

les, que j'ai rapportée plus haut, fuffit pour prouver le contraire ; & la feule viteffe du fang artériel fuffifoit pour le demontrer d'avance, d'autant plus que les veines ont un plus grand nombre d'anoftomofes, par lefquelles elles peuvent fe décharger.

Mais je reviens à mes expériences ; quand on lie l'aorte dans le bas ventre, elle fe gonfle & bat au deffus de la ligature ; elle fe vuide au deffus, & quand on la perce dans cet endroit, elle ne donne point de fang : l'animal, comme STENON l'avoit déja vû, perd le mouvement des jambes, ne fe foutient plus fur fes pieds, & ne les remue plus, que comme s'il tiroit un corps étranger. J'ai obfervé quelques fois des convulfions dans ces parties. J'ai réïteré & je rapporte ici cette expérience, parcequ'elle avoit été revoquée en doute par de grands hommes (s). Elle ne réüffit pas dans les grenouilles, & quoiqu'on leur ait lié ou coupé l'aorte, elles peuvent également fauter & fuir.

La ligature de l'aorte thorachique a produit dans un chat les plus violens fimptomes ; tout l'animal tomba dans une ftupeur

(s) SWAMMERDAN Biblia nat. p. 850. & l'auteur d'un nouveau Mémoire fur le mouvement des mufcles prefenté à l'Academie de Berlin & numeroté XX.

peur & dans une infenfibilité générale. Quand on lie à des animaux vivans la carotide, l'artere méfenterique, la crurale, la brachiale, on retrouve par tout les mêmes phénomenes, une tumeur au deffus de la ligature, que l'amas du fang rend luifante, qui bat, qui s'allonge dans le tems de la fiftole du cœur, & qui diminue pendant fa diaftole. Le mouvement des jambes ou des autres membres n'en eft point alteré (*t*), & la ligature de la carotide même n'a été fuivie d'aucun accident confiderable.

Ce que j'ai dit jufqu'ici fuffit pournous apprendre, que le fang paffe du cœur dans l'aorte, & de l'aorte dans les autres arteres de tout le corps. J'ai à parler à préfent de ces mouvemens moins apparens du fang, qui fe font plus fecretement, & qu'on n'apperçoit, qu'après avoir ouvert les vaiffeaux, à moins que leurs membranes ne foient tranfparentes, comme elles le font ordinairement dans les grenouilles. C'eft fur ces animaux furtout, & fur les poiffons, que j'ai étudié ces mouvemens; je vais décrire exactement ce que j'ai apperçu.

Le premier phénomene qui fe préfente, c'eft la rapidité avec laquelle les globules fanguins

_____

(*t*) DEELINCOURT, canicid.

fanguins vont du cœur aux extrêmités ,
comme je l'ai vû dans le mefentere d'u-
ne grenouille, dans les membranes qui
foutiennent le conduit des œufs, & dans
les queuës des poiffons. Il eft très difficile d'établir une proportion entre l'efpace parcouru & le tems employé à le parcourir, parce que l'efpace qu'on peut confiderer avec le microfcope eft fi petit, que
le tems qu'il faut au fang pour le traverfer eft moindre qu'aucune mefure fenfible.
L'inégalité de viteffe dans le mouvement
du fang des animaux qui l'ont froid, paroit être la raifon qui a perfuadé à M. HA-
LES (u) que fon mouvement étoit 43
fois plus vite dans les poumons d'une grenouille que dans les mufcles. Car pour
moi je n'ai point du tout trouvé, qu'il s'y
mût avec plus de viteffe que dans le méfentere, mais j'ai très bien vû qu'il en a-
voit beaucoup moins, que le fang qui jaillit d'une artere ouverte ; & je ne vois point
ce qui pourroit occafionner cette plus grande viteffe dans le poumon des grenouilles.
L'on voit d'abord, il eft vrai, & on le
voit très diftinctement dans ces animaux,
que dans le tems de l'expanfion du poumon, fon artere principale, qui en parcourt
toute la longueur, & qui jette des rameaux

de

(u) *Hæmaftat.* p. 68.

de part & d'autre, devient prefque droite, & laiffe une grande facilité au cours
du fang ; au contraire dans le tems de l'af-
faiffement de ce vifcere, l'artere fe trouve
repliée, ferpentante, & laiffe peu de facilité au cours du fang. Mais ce caractere particulier au poumon, ne prouve rien
contre la rapidité du fang dans les autres
parties, dans lefquelles il trouve la même liberté en tout tems. Au refte il arrive fréquemment, que le fang coule avec
beaucoup de viteffe dans une artere du
méfentere, pendant qu'il fe meut très lentement, ou que même il croupit tout à fait
dans les autres. L'on voit par là, qu'il
n'y a rien d'extraordinaire dans ces fievres
topiques, particulieres à quelque membre.

J'ai trouvé enfuite, que le fang étoit
beaucoup moins retardé dans les petits vaiffeaux, que les Medecins géometres ne le
croyent. Dans les grenouilles il eft impoffible d'appercevoir quelque difference entre la viteffe, qu'il conferve dans les rameaux des arteres, & celle avec laquelle il en parcourt les troncs ; & il paroit
avoir la même vélocité dans le plus gros
vaiffeau méfenterique, & dans fa derniere
fubdivifion vifible. J'ai vû dans le chien,
qui eft un animal à fang chaud, ce fluide faillir d'un petit rameau des mammaires de moins de $\frac{1}{2}$ ligne de diametre à la
diftance de fix pieds & demi ; & celui d'un
autre

autre chien, à qui KEIL ouvrit l'artere iliaque, ne jaillit pas à la moitié de cette diſtance (x). Il y a auſſi beaucoup de viteſſe dans les petits vaiſſeaux des poiſſons, comme je le prouverai par une expérience, que je dois rapporter en parlant des veines.

Si la viteſſe du ſang dans les grenouilles étoit la même que dans l'homme, il faudroit ſuivant les calculs de KEIL (y), que dans les vaiſſeaux d'un globule de diametre il ne parcourut dans une minute, que $\frac{73}{5223}$ d'un pied anglois; mais j'ai ſouvent vû dans les petits vaiſſeaux méſenteriques d'une grenouille, que cette viteſſe étoit telle, que j'avois peine à la ſuivre, & que quelquefois elle égaloit, & que d'autres fois elles ſurpaſſoit celle du ſang dans les gros vaiſſeaux, quoique ſuivant ces calculs elle eut dû être 1448 fois plus lente (z). Mais ſi cette viteſſe eſt ſi conſiderable dans les petites veines, elle le ſera plus encore dans les petites arteres, dònt ces veines tirent leur origine & leur mouvement; & plus rapide encore dans les arteres plus grandes que les capillaires.

D   J'ai

(*x*) De vi cordis p. 41. t. 1. fol. 5. edit. d'holl.

(*y*) De velocitat. ſanguin. paɡ. 36.

(*z*) De ſecretion. animal. p. 56. même édition.

J'ai même vû des veines d'un ou deux
globules, charrier leur sang avec assez de
vitesse, pendant qu'il en avoit très peu
dans les grosses arteres. Enfin ce qui le-
ve encore mieux tous les doutes, c'est
qu'en observant un rameau, qui sortoit d'un
tronc beaucoup plus gros, & qui remontoit le long de ce même tronc, j'ai vû
que le sang se mouvoit beaucoup plus vî-
te dans le rameau, que dans le tronc. Je
n'ai point eu en vue en rapportant toutes
ces expériences de démontrer, ce qu'il peut
y avoir de vicieux dans les calculs des
grands hommes, qui ont écrit sur ces matieres ; j'expose simplement des faits, qui
font des preuves bien supérieures à celles
des théories, & qui nous apprennent, que
la vitesse, est très grande dans les petits
vaisseaux. D'autres expériences confirment
la vitesse avec laquelle les vaisseaux transf-
pirans exhalent leur vapeur.

Des observations exactes ont fait voir,
que le mouvement du sang arteriel se fait
de la façon que je vais exposer. Les globules rouges nagent, également distribués
dans la sérosité sans aucune confusion, &
se meuvent sur des lignes droites paralleles, sans se frotter ni se mêler, sans aucun mouvement de rotation (a), de façon

____

(a) G. E. Renus pag. 37. 43. &c.

çon que tout ce qu'on a debité fur les mouvemens tourbillonnans du fang, n'a point lieu dans les animaux à fang froid; car les expériences que j'ai faites, pour obferver fon mouvement dans les animaux qui l'ont chaud, ne m'ont point réuffi. La preffion du fang contre les parois des vaiffeaux & contre les éperons, qui fe trouvent aux divifions des arteres, n'a rien de violent, elle fe fait doucement & fans aucune repulfion, & bien loin qu'elle puiffe divifer & refoudre les globules, elle n'eft pas capable de changer leur figure, & ce choc eft fi léger, qu'il ne dérange point la frele envelope de l'air, qui compofe des bulles, affez fouvent obfervées dans les vaiffeaux des grenouilles. Dès que le mouvement progreffif du fang s'arrète, les glo, bules reftent immobiles, & demeureroient éternellement en repos, fi ce mouvement n'étoit pas reproduit. L'on voit par là, que les hommes illuftres (*b*) qui ont fuppofé dans le fang un mouvement inteftin, capable de contribuer à fon mouvement progreffif, fe font totalement trompés. J'ai fait cette expérience fi fouvent, & avec un fuccès fi conftant, que je fuis perfuadé, qu'on ne pourra jamais rien alleguer de contraire.

D 2   J'ai

(*b*) STEVENSON dans les Memoires d'Edimbourg Tom. V. p. 2.

J'ai ſouvent examiné avec beaucoup d'attention, ſi j'appercevrois quelque difference entre la viteſſe des differens globules
d'une même artere ; il m'a paru que ceux
qui étoient au centre, & qui marchoient le
long de l'axe du vaiſſeau, vont plus vite,
que ceux qui touchent les parois ; & cette obſervation eſt conforme à celles de
MALPIGHI (c) & de SCHREIBER
(d).

Quand une artere ſe diviſe, les globules (tant qu'il n'y a point de dérangement
dans la circulation) ſe partagent proportionellement entre les deux rameaux ; & j'ai
donné tous mes ſoins à remarquer, ſi les
angles ou les plis des vaiſſeaux apportoient
quelque changement dans la viteſſe du ſang.
Pour y parvenir, j'ai obſervé dans les grenouilles, differens rameaux, qui naiſſoient
des troncs ſous differens angles, & quand
je n'ai pas trouvé des plis naturels, j'en
ai fait ; voici le reſultat, tel que le donnent mes expériences, car je n'ai pas pû
les réïterer aſſez ſouvent pour aſſurer, qu'on
ne peut rien découvrir de plus ſur cet article. On depend beaucoup du hazard dans
cette obſervation.

La premiere artere que j'obſervai, ſe
partageoit en quatre branches, deux partoient

(c) Poſthum. pag. 92.
(d) Elementa medic. pag. 323.

toient du tronc à angle droit, les deux autres s'écartoient peu de la direction du tronc supérieur, avec lequel elles faisoient des angles très aigus ; j'observai pendant près de six heures ; les rameaux qui partoient à angle droit cesserent leur mouvement beaucoup plus vite que les deux autres. Une seconde artere se partageoit differemment ; le rameau le plus considerable s'éloignoit peu de la direction du tronc, l'autre beaucoup plus petit formoit un angle assez considerable avec le tronc. Je ne pus d'abord observer aucune difference dans la vitesse de l'un & de l'autre de ces vaisseaux, mais quand le mouvement du sang commença à se ralentir, je vis qu'il continua beaucoup plus long tems dans celui des rameaux, qui s'écartoit le moins de la direction du tronc. Il paroit par cette observation, que la vitesse dans les rameaux est d'autant plus grande, que l'angle qu'ils font avec le tronc est moindre, ce qui se trouve conforme à la théorie de M M. DE SAUVAGES (*e*), SENAC (*f*), & HALES (*g*). M. REMUS (*h*)

D 3   a fait

(*e*) Dissertation sur les médicamens qui affectent certaines parties du corps. pag. 26.
(*f*) Tom. 11. pag. 167.
(*g*) Hæmastatique pag. 67. Il a donné quelques expériences là dessus.
(*h*) pag. 43,

a fait ces expériences avec moi, mais elles font en petit nombre ; l'événement n'eft pas toujours le mème, & j'ai vû fouvent le mouvement ceffer dans une artere, & continuer dans un rameau, qui en fortoit à angle droit.

Je fouhaitois vivement de favoir, quel étoit dans l'animal vivant l'effet des plis ou des courbures des vaiffeaux ; je favois très bien, qu'elles ont beaucoup d'influence dans les injections, qu'on fait dans le cadavre, & qu'il fuffit de ramener un bras fur le corps, ce qui fait faire une angle à l'artere fouclaviere, pour que l'injection manque dans ce membre, par la difficulté que la matiere trouve à y pénetrer. Pour m'éclaircir fur cet article, je détachai une artere des cellulofités, qui la lioient au méfentere, & je la pliai de coté, de façon qu'elle parcourut une courbure affez confiderable, & je ne vis point, que cela ralentit la viteffe du fang (*i*). Je déchirai une autre artere, & je la repliai au point, qu'elle faifoit un angle très aigu avec la partie du tronc la plus voifine du cœur ; cette courbure ne ralentit point encore la viteffe du fang, d'où je conclus, comme je le dirai bientot, que la force
du

_____

(*i*) La théorie l'avoit fait prevoir ainfi à M, MICHELOTTI *de fecret fluidor.* p. 139. 140.

du cœur eft affez forte pour vaincre, fans un affoibliffement fenfible, des refiftances de cette efpece. Je ne parle au refte, que des courbures fimples, & non point de celles, qui fe trouvent fi fort multipliées dans l'épididime ; tout le monde convient que celles-ci retardent beaucoup le cours de la femence ; pour s'en convaincre il n'y a qu'à voir, avec quelle lenteur le mercure les parcourt, & réflechir un moment, combien de force un fluide quelconque doit perdre pour vaincre des obftacles fi fouvent réiterés,

Enfin en obfervant fréquemment, premierement des aneurifmes naturels, & enfuite ceux que je caufois moi même, je parvins à voir diftinctement le changement de mouvement d'un fluide, qui paffe d'un canal étroit dans un vaiffeau plus large ; c'eft celui qui arrive à l'eau d'un fleuve, qui fe décharge dans un lac ; la viteffe du fang diminue fenfiblement dans les cavités aneurifmatiques, & il les parcourt avec une lenteur, qui donne lieu à la réünion des globules, & à la naiffance du coagulum le plus fimple, qui fe forme par le collement de plufieurs globules en pelote, que la feule force du cœur peut refoudre, en remettant en mouvement les globules défunis.

L'on fera plus furpris d'apprendre, qu'au deffous de l'aneurifme, le fang reprend fa

 pre-

premiere viteffe, & fe meut avec autant de rapidité, qu'avant que d'y entrer. Et quoique le fang fe meut très lentement dans cette cavité meme, la force qui le preffe, & qui paroit prefque éteinte pendant qu'il parcourt l'aneurifme, fe retrouve, pour lui rendre fa vélocité naturelle, dès qu'il eft rentré dans la partie étroite de l'artere, qui eft fous l'aneurifme. Il n'eft pas rare, de voir le fang fe mouvoir avec plus de viteffe dans un rameau, que dans le tronc d'où il part.

Cette expérience, que j'ai fouvent réiterée, me paroit d'une très grande importance & détruit prefque radicalement, tout ce qu'on a débité avec tant de pompe fur le prétendu retardement du fang dans les petits vaiffeaux (*k*). Il paroit que dans les animaux la force du cœur eft de beaucoup fupérieure à la refiftance, qui peut naitre de la petiteffe des vaiffeaux. Et il arrive toujours dans ce cas là, que la viteffe augmente dans les canaux proportionellement à la diminution de leur diametre.

(*k*) KEIL établit le rapport entre la viteffe du fang de l'aorte, & celle qu'il a dans les vaiffeaux capillaires comme 5233 : 1. ROBINSON comme 1100 : 1. BUTTLER comme 500 : 1. Il eft même échappé à l'illuftre M. HALES de dire que le mouvement du fang étoit extrémement lent dans les vaiffeaux capillaires.

metre. L'on en a un exemple dans les jets d'eau, dans lefquels l'eau s'éleve d'autant plus rapidement, qu'ils font plus étroits, jufques au point où la force d'adhefion, entre le fluide & les parois du tube, devient plus forte que celle de l'impulfion; ce qui fait un cas particulier, dont il ne s'agit point ici.

Le théoreme que je viens d'établir n'a pas befoin de beaucoup de démonftration. Si les chofes étoient autrement, fi la petiteffe des vaiffeaux retardoit la viteffe des fluides, fi la force des frottemens faifoit, que la lenteur augmentat en raifon de la diminution des diametres, alors il arriveroit, que le fang en paffant d'un aneurifme, ou de quelque large vaiffeau dans un autre plus étroit, perdroit de fa viteffe, au lieu que l'obfervation nous prouve le contraire, comme je viens de le dire.

L'on me fera peut être cette objection, *que je me fuis fervi pour faire mes obfervations du microfcope, & qu'il rend la viteffe du fang plus grande;* mais cette objection tombe, dès qu'on reflechit, que je l'ai également employé pour confiderer les gros troncs & les petits vaiffeaux, & que par là même, l'augmentation des viteffes etant la même, les rapports ne font point changés, & il ne s'agit ici que des rapports.

J'ai été curieux d'obferver, ce qui fe paffoit dans les anaftomofes & à la réünion

de

de deux vaiſſeaux, qui venoient ſe rencontrer par des directions oppoſées. J'ai trouvé, que dans ce cas les deux torrens ſe reſiſtent reciproquement, & que les globules de l'un choquent ceux de l'autre, juſqu'à ce que le plus foible cede, & que le plus fort l'emporte dans ſon ſens. La même choſe arrive à peu près au ſang, qui coule d'une artere coupée, & qui ordinairement ſort par deux courans contraires. S'il part quelque rameau d'une anaſtomoſe, ou de la courbure d'une artere, il eſt à préſumer, que les deux courans s'y jetteront, comme les deux courans d'une artere bleſſée ſe jettent, & ſe précipitent par la bleſſure. L'on peut conclure de là, que dans le corps humain, où il ſe trouve de très fréquentes anaſtomoſes, le ſang peut ſe mouvoir par des directions differentes, ſelon qu'une des branches, qui ſe rend dans l'autre, aura plus ou moins de viteſſe, que ſa compagne. Ainſi par exemple dans les arteres, qui ſe trouvent entre le dos & la paulme de la main, & que j'ai appellé les perforantes ſupérieures (*l*), il eſt évident, ſuivant la ſituation de la main, que le poids du ſang déterminera ſon cours, ou de la paulme au dos de la main, ou du dos à la paulme. Je rangerai ſous un autre

(*l*) Iconum anatomicarum faſcic. 6. p. 41. 42.

autre chapitre la force de la pefanteur, on la trouvera parmi les caufes du mouvement du fang.

Il paroit, que le premier but de la nature en multipliant fi fort les cercles arteriels & les anaftomofes, a été, a peu près tel que je vais le dire. Si quelque tronc vient à être obftrué, détruit ou obliteré, fes rameaux peuvent recevoir du fang des troncs voifins ; ufage dont j'ai eu occafion d'admirer les effets dans des corps humains, auxquels je trouvois une carotide, une vertebrale ou une brachiale obftruées, offifiées & inutiles, fans que les fonctions euffent été dérangées.

Il me refte à parler des dérangemens qui arrivent dans le mouvement du fang. Il eft retardé, troublé, il balance, il retrograde, il ceffe, les vaiffeaux fe vuident.

Le *retardement* eft ordinairement le premier de tous ces dérangemens.

La viteffe eft *troublée*, quand elle fe ralentit en général, & que tout à coup un nouvel effort du cœur lui redonne une force, qui fe reperd le moment fuivant (*m*). L'inanition eft fouvent jointe à la lenteur, & l'on

(*m*) A. Van LEFUWENHOECK a vu quelque chofe de femblable *exper. & contempl.* p. 159. 165. 179. &c. G. ADAMS l. c. p. 45.

l'on trouve ordinairement peu de globules dans un vaiſſeau, dans lequel le mouve-ment eſt ralenti.

Toutes les fois, que le mouvemeut du ſang ſe rétablit après avoir été ralenti ou retrograde, l'on voit diſtinctement, que chaque onde reſiſte à celle qui la ſuit, & qu'il faut un effort de celle-ci pour rendre à l'autre ſon mouvement naturel. L'on voit par là, que cette reſiſtance, qu'une on-de oppoſe à celle qui la précede, doit en-trer pour quelque choſe dans la reſiſtan-ce générale, que trouve le cœur, & que l'on ne doit point la négliger, quand on veut en faire l'eſtimation (*n*).

L'oſcillation eſt l'effet preſque conſtant du ralentiſſemeut du mouvement arteriel. Dans cet état le ſang va & vient, & al-ternativement, il ſuit ſa route naturelle, & retrograde en ſuite du coté du cœur (*o*). Cet-te fluctuation eſt très ſinguliere dans les endroits où l'artere ſe partage ; quelques fois le ſang d'un des rameaux, préſente en refluant un obſtacle à celui du tronc, qui, ſe trouvant une force ſupérieure, le repouſ-

ſe

(*n*) MORISSON Lettres p. 26.
(*o*) Ce mouvement d'oſcillation ſe trouve dé-crit dans LEEUWENHOECK *exper. & con-temp.* pag. 164. 165. 186. 188. *t.* 3. *p.* 111. 112. & dans M. BOERHAAVE de uſu ratiocinii me-chan. pag. 34. Voyez auſſi F. W. HORCH l. c. p. 115.

fe ou dans fon rameau ou dans l'autre ;
d'où il reflue de nouveau après quelques
momens de tranquillité , pour y être dere-
chef repouffé (*p*). D'autres fois l'un des
rameaux fe trouvant une force de refiftance fupérieure fait refluer fon fang dans
l'autre à travers le tronc , ou le fait remonter vers le cœur par ce tronc même.

J'ai vû dans un rameau , qui étoit forti
du tronc fous un très grand angle , le fang
retrograder avec tant de force , qu'après
quelques ofcillations il retablit le cours naturel du fang dans la partie du tronc inférieure à la naiffance du rameau. Cela
occafionna une nouvelle ofcillation entre le
rameau & le tronc fupérieur , dans lequel
il n'y avoit plus que quelques globules :
Ce balancement rendit au tronc fon mouvement naturel ; de façon que le tronc &
le rameau formerent deux fources , qui ver-
foient le fang dans le tronc inférieur , comme dans un refervoir commun. Cela continua quelque tems , & cette confufion fe
termina à la fin par la ceffation du mouvement retrograde du rameau , & le tronc
fupérieur vuida fon fang dans fes deux divifions , comme dans l'état naturel. Avant
que l'ordre fut ainfi retabli , l'on voyoit
def-

____

(*p*) M. Miles a vû la meme chofe , voyez
les *Tranf. phil.* vol. 41. n°. 460. p. 728.

defcendre du tronc fupérieur, des efpeces
de nuées formées par des amas de globules, & cet obftacle ayant été furmonté,
tout fe retrouva dans l'état naturel. J'ai
vû auffi une très belle ofcillation entre le
fang coagulé dans un aneurifme, & le fang
de la partie de l'artere, qui avoit confervé fon mouvement. Tantôt les globules
de l'aneurifme cedoient au fang de l'artere, & le moment fuivant elles le repouf-
foient, & le forçoient à paffer dans d'autres rameaux, où il ne trouvoit point d'obftacle : ce qu'il y avoit de plus fingulier
dans cette ofcillation, c'eft que les globules du fang arteriel étoient repouffés par
un fluide invifible, avant que d'atteindre
le fang rouge de l'aneurifme. Ces ofcillations, dont je me fuis fi fouvent amu-
fé, fe terminent, ou par le retabliffement
des chofes dans l'état naturel (q) quand
la force du cœur vient à prévaloir, ou
par une retrogreffion entiere, ou par une
ceffation de mouvement, qui eft annon-
cée par la longueur augmentée des intervalles des ofcillations.

Il arrive fouvent qne les forces du cœur
retabliffent le mouvement naturel du fang;
& la refolution des grumeaux de fang faite

(q) A. V. LEEUWENHOECK *exper. &*
contem. Tom. 8. p. 164. 165. T. 3. p. 112.

te par le moyen des oscillations découvre une des utilités des anastomoses, qui est de surmonter les obstructions naissantes, par le sang, que l'artere libre pousse contre le sang qui commence à s'arrèter.

Les *retrocessions* ne sont pas rares, on les voit plus souvent dans les veines ou dans les arteres, après qu'on a coupé le cœur; on les observe encore, quand les forces de ce muscle commencent à baisser, & la circulation à se ralentir; l'on voit a- lors le sang des rameaux refluer dans les troncs & de là au cœur. Il arrive quel- que fois, que le mouvement progressif se fait regulierement dans quelques rameaux, & que la retrocession a lieu dans d'autres, je l'ai vu dans les poissons & dans les grenouilles. De très grands vaisseaux y étoient sujets, pendant que le mouvement étoit naturel dans les petits; j'ai observé deux rameaux du même tronc, dont l'un portoit son sang en avant, & l'autre re- poussoit le sien du coté du cœur par le tronc même. J'ai remarqué que la cause la plus ordinaire de cette retrocession é- toit quelque obstacle, comme un aneuris- me, dans lequel le sang coagulé oppose u- ne resistance à celui, qui vient des arte- res, & l'oblige à retrogader, & ce mou- vement contre nature ne cesse, que quand les caillots, qui l'occasionnent, ont pu è- tre emportés. Enfin les retrogressions ont

lieu

lieu après les grandes playes, & furtout après l'amputation du cœur ; & dans les arteres, dont le mouvement a ceffé. L'illuf-tre M. S E N A C avoit déja regardé l'éva-nouiffement comme une des caufes de la retroceffion (*r*).

Ces fréquentes retrogreffions en avoient fans doute impofé au bon vieillard L E E U-W E N H O E C K, qui avoit beaucoup vû, mais qui d'ailleurs étoit à peu près fans lettres, & qui confondant les veines & les arteres attribua, plufieurs années avant fa mort, l'accélération, la pulfation (*ſ*), & la route vers le cœur au fang des vei-nes, & affigna aux arteres, la lenteur, le repos & le retour vers ce mufcle.

La *ceffation de mouvement* met fin à tout, elle eft totale & perpétuelle dans les ar-teres des grenouilles, quand une artere a vuidé tout fon fang, ou quand elle n'en reçoit plus de l'aorte.

J'ai fouvent rencontré cet inconvenient dans les grenouilles, non feulement dans celles, qui avoient eprouvé un long jeu-ne, mais encore dans celles, qui étoient très bien nouries. Les arteres s'y trouvent entierement vuides, & femblables à des
nerfs

<hr>

(*r*) Traité du cœur Tom. 2. pag. 174.
(*ſ*) Epiſtol. phyſiologic. Tom. 4. pag. 167. Philofophic. tranfact. n°. 319. V. U F F E N B A C H Reifen Tom. 3. pag. 350.

nerfs blancs, avec lefquelles Leeuwenhoeck les a confonduës (*t*). Ce phénomene eft peut être caufe de l'erreur, dans
laquelle les anciens font tombés en cro-
yant, que les arteres ne contenoient que
de l'air. Il eft bien certain, qu'elles font
quelquefois entierement vuides (*u*), quoique de grands hommes ayent foutenu le
contraire. Il arrive quelquefois, que le fang
eft en repos dans quelques rameaux, pendant qu'il fe meut dans d'autres, & ce
font fouvent les petits vaiffeaux, qui confervent leur mouvement, après que les
troncs l'ont perdu.

Il n'eft pas rare non plus, que dans
un animal languiffant, le fang s'arrète prefque au commencement de l'aorte, de façon qu'il ne parvient point de fang aux
vaiffeaux plus eloignés du cœur. Il en
arrive, que les arteres fe defempliffent,
& que le mouvement s'y ralentit, & qu'enfin elles fe vuident tout à fait. Il fe
paffe quelque chofe de femblable chez les
hommes, dans les froids extrèmes avec perte du pouls. Souvent la ceffation du mouvement du fang des arteres fe joint à leur
inanition, & il ne refte que peu ou point
de globules dans une artere. L'on voit ce-

E

pendant

(*t*) T. II. epitre 119. p. 112.
(*u*) KÉIL quantity of blood pag. 91. 92.

pendant affez fréquemment un petit nombre de globules, qui, quoiqu'éloignés les uns des autres, continuent leurs mouvemens.

Quand le mouvement du fang arteriel ceffe avant la perte des forces du corps, ce qu'on connoit par la continuation du mouvement du fang veineux, on peut efperer qu'il fe retablira, ou de lui meme, ou en ouvrant une veine. Ce retabliffement commence par un petit nombre de globules, qui reviennent dans le vaiffeau vuide, fur une feule file; leur nombre augmente peu à peu, ils dilatent la lumiere de l'artere, qui fe trouvant remplie de fang, de pale qu'elle étoit devient extrèmement rouge, & le fang s'y meut à la fin avec beaucoup de rapidité.

J'ai vû fouvent, & LEEUWENHOECK (x) avoit vû avant moi, ce retabliffement du mouvement arteriel. L'on a de frequens exemples, que les arteres remplies de fang ont perdu leur mouvement, & que cet accident a été aifément diffipé ou par une faignée, ou fans aucun art par un fimple effort du cœur. Il arrive fouvent dans ces cas là, que des grumeaux de fang formés par quelques globules collés enfemble font

(x) Epitre 119. p. 112.

font les premiers à se mouvoir, & bientôt tout le sang reprend son cours.

Mais l'on n'est pas toujours aussi heureux ; souvent, & c'est toujours le cas après la mort, les arteres se vuident peu à peu de plus en plus, jusqu'à ce qu'elles paroissent absolument blanches, sans aucun vestige de sang, & si semblables aux membranes du mésentere, qu'il est très difficile de les distinguer les unes des autres.

Après la mort, la cessation du mouvement du sang arteriel n'est complete, que lorsque le mésentere est entierement desseché, & que les globules eux mêmes forment des masses seches. Dans les animaux à sang chaud l'on ne doit pas esperer, que les mouvemens de la machine se retablissent, quand une fois la graisse s'est figée.

CHAPITRE QUATRIEME.

Mouvement du sang Veineux.

JE passe actuellement au mouvement du sang veineux, j'observerai en le décrivant le meme ordre, que j'ai suivi en traitant du mouvement du sang arteriel. Je commencerai par le pouls, dont on croit ordinairement, que les veines sont privées,

&

& que j'ai cependant trouvé fréquemment dans les grosses veines des animaux à sang chaud. Il parut en 1750 une dissertation présentée à l'Academie Royale des Sciences de Paris, dont l'auteur, M. SCHLICH-TING d'Amsterdam, soutient le mouvement du cerveau contre des gens, qu'il appelle sophistes. Je résolus d'abord d'examiner ce mouvement, que l'adhésion de la dure mere au crane rendoit incroyable pour moi. Je fis pour cela des expériences sur un très grand nombre d'animaux, avec M. WALSTORFF habile Medecin d'Heidelberg, qui étudioit alors à Gœttingue ; nous constatames aisément ce mouvement, & nous nous apperçumes d'abord que ses rithmes correspondoient à ceux du poumon, de maniere que le cerveau s'enfloit pendant l'expiration, & s'affaissoit pendant l'inspiration. Je recherchai la cause de ce phénomene ; je soupçonnai qu'il dépendoit de la facilité, que le sang trouve pendant l'inspiration à passer de l'oreillete droite dans l'artere pulmonaire, & des veines voisines dans cette oreillete. Pour m'assurer, si cette conjecture étoit vraïe, je me déterminai à tenter de nouvelles expériences. Je mis a nud differentes veines d'un animal vivant, surtout les jugulaires, les brachiales, les iliaques, l'une & l'autre cave, & je m'apperçus aisément, que par des alternatives reglées, elles é-
toient

tóient dans le tems de l'expiration, remplies, gonflées & rouges, par la quantité de fang qui les rempliſſoit, & que dans le tems de l'inſpiration elles s'allongeoient, devenoient minces, pales, vuides, & ne donnoient point de fang, quand on les ouvroit dans cet état là. J'appellai ce mouvement le pouls veineux ; je communiquai mes obſervations à mes amis de France, & en particulier à M. de R E A U M U R, & à M. de S A U V A G E S, de qui M. L A M U R E ne peut qu'avoir apris mes expériences. On s'en convaincra par les propres paroles (a) de M. L A M U R E, par la refutation de mes idées, qu'il m'oppoſe fans me nommer (b), & par des lettres, que je citerai. C'eſt de ce mouvement des veines, que je parlai, fans favoir ce qui ſe paſſoit à Montpelier, dans un Memoire, que je lus à l'Aſſemblée de la Societé de Gœttingue le 22 Avril 1752, & qui fut imprimé dans ſes Memoires pour cette année (c). Peu de tems après M. W A L S- T O R F F communiqua au public ſes expériences & les miennes, dans ſon excellen-

E 3

te

(a) Memoires de l'Academie Royale des Sciences 1749, p. 642.

(b) pag. 656.

(c) Tom. 2. pag. 127.

te differtation (*d*.   Dant cet intervalle de tems M. L A M U R E envoya fes expérien- ces & fes idées, fur le même mouvement, à l'Academie Royale des Sciences de Paris dans un Memoire, qui fut lu dans une de fes affemblées le 12 Août 1752, qua- tre mois après le mien, & qui fut impri- mé dans les Memoires de l'année 1749, quelques mois plus tard que la publica- tion des Memoires de Gœttingue.   J'ai cru devoir rapporter uniment ces faits, fans animofité, & feulement pour prou- ver, que j'ai écrit fur le mouvement des veines avant M. L A M U R E (*e*), & que mes

(*d*) Differt. qua experimenta circa motum cerebri, cerebelli, duræ matris & venarum in vivis animalibus inftituta propofuit Gotting. menf. mart. 1753.

(*e*) Voici ce que marquoit à ce fujet le cé- lebre M. de S A U V A G E S dans une lettre en datte du 1 Mars 1752, mais qui fut retardée en route. *Ce chien fut trepané, nous obfervames beau- coup le mouvement du cerveau, très conforme à ce que vous m'avez fait l'honneur de m'écrire. Pour affurer fi c'eft bien le reflux du fang, qui caufe cette élévation, pendant l'expiration,* M. L A M U R E *a ouvert plus de dix chiens, enfin nous avons trouvé la même chofe que vous, & nous vous avons grande obligation de cette décou- verte.*   Cette lettre eft en original dans mes re- cueils.

mes experiences n'ont pas profité des fien-
nes. Mes expériences d'ailleurs font en
beaucoup plus grand nombre, que celles
de M. L. & contiennent beaucoup de chofes, que je n'ai point trouvé dans fon Memoire, ou qui y font differemment; celui de M. Lamure contient par contre
quelques faits, que je n'avois pas vû dans
ce tems là.

Je fus furpris par exemple du bonheur
qu'il a eu, d'obferver le mouvement du cerveau, fans avoir détaché la dure mere du
crane, ce qui ne m'a jamais réuffi (f).
En fecond lieu j'ai obfervé un mouvement
alternatif dans les veines du bras; j'ai
vû un autre reflus du fang des veines caves caufé par la contraction veineufe, dont
je parlerai ailleurs; un autre encore produit par la contraction du diaphragme; l'infenfibilité de la dure mere, & d'autres faits,
qui fe trouvent differens dans le Memoire de M. Lamure. Mais je n'ai jamais
vû, que la ligature des veines jugulaires,
endormit un chien (g), ni que les finus
du cerveau euffent un pouls (h) & l'e-
xiftence d'un efpace rempli d'air entre le
poumon eft anéantie par tant d'expériences,
E 4   qu'elle

(f) Walstorff pag. 42. 43. 65.
(g) Memoires de 1749. p. 543. 544.
(h) ibid pag. 547.

qu'elle ne paroit pas pouvoir être reſſuſ-
citée par les bleſſures pénétrantes de la poitrine, faites ſans bleſſure au poumon, expérience vague, ſur laquelle M. LAMU-
RE (*i*) s'appuye.

Cet habile homme a par contre découvert une des raiſons, pour laquelle les jugulaires & les autres veines ſe gonflent
dans le tems de l'expiration ; c'eſt que dans
ce tems là la compreſſion de la poitrine
en général fait refluer le ſang de la veine cave dans les jugulaires. J'ai vérifié
tout recemment cette expérience ſur un co-
chon (*k*), & en comprimant long tems
le thorax, j'en ai ſi bien rechaſſé le ſang,
que j'ai fait enfler le cerveau (*l*). Ce
qui m'a fait adopter cette idée, que dans
l'expiration, la compreſſion de la poitrine
contribue beaucoup à remplir les veines,
ſans que pourtant il faille exclure la facilité plus grande, que le ſang trouve à remplir le poumon dans l'inſpiration, & qui
dans cet état là dégonfle les veines, ni les
autres mouvemens qui dérivent du diaphragme.

Pluſieurs faits prouvent encore que les
veines ſe vuident pendant l'inſpiration, à
cauſe

(*i*) pag. 558.
(*k*) pag. 556. 562.
(*l*) Voyez la diſſertation de M. WALS-
TORFF pag 39.

caufe de la facilité que le fang trouve à paffer dans le poumon , & qu'elles fe rempliffent pendant l'expiration , qui met plus d'obftacle à l'entrée du fang dans ce vifcere. L'expérience de HOOKE, que j'ai très fouvent vérifiée, prouve , qu'un poumon devenu imméable , fe rouvre par l'infpiration; de façon que le fang , qui avoit ceffé d'y venir , & d'être mis en mouvement par le cœur fe remet en mouvement, & s'y fait de nouveau paffage. Les injections même réüffiffent mieux , & paffent plus aifément de l'artere pulmonaire à la veine, quand le poumon eft enflé. En combinant ces obfervations on en tire cette conféquence, c'eft que fans l'infpiration le fang pénétreroit difficilement dans le poumon, & que fans l'expiration il croupiroit dans fes veines. Dans un effort, on ne fait que retenir l'air, & differer l'expiration. Les veines fe gonflent également dans cet intervalle, & le vifage devient rouge & bouffi, fans doute à caufe que le fang du poumon n'éprouve pas la force expulfive, qui lui doit venir de l'expiration. Il en refulte encore, que fans cette compreffion mécanique de la poitrine, l'expiration peut occafionner le gonflement des veines, en refiftant au paffage de l'artere pulmonaire dans la veine & dans le ventricule gauche. Mais il faut abfolument ajouter aux caufes, qui gonflent les

E 5   veines;

veines, l'efficace de la contraction de l'o-
reillette droite. Car outre le gonflement de
la veine jugulaire , qui eſt produit par l'expiration , cette veine a un autre mouvement beaucoup plus rapide , qui reſſem-
ble à une palpitation , & qui , ſi l'on y
fait attention , ſe trouve toujours en méme tems avec le premier , & qui ſe ſoutient
après l'ouverture du thorax , lors méme
que toutes les forces de la reſpiration paroiſſent éteintes. Car ne n'eſt pas ſeulement à la diſtance de quelques lignes , que
l'oreillete droite rechaſſe le ſang , & qu'elle le
repompe le moment ſuivant par une alternative de contractions & de dilatations ;
l'effet de ce mouvement s'étend juſques au
foye , ſous le cœur , & au deſſus de cet
organe , juſques au cou , & dans les veines mammaires ; cela a lieu ſurtout dans
un animal moribond , & qui vit dans la
ſouffrance , comme je l'ai remarqué ſouvent , & comme je le vois encore actuellement dans un chat , que j'ai ſous mes
yeux. Enfin le mouvement alternatif du
diaphragme en occaſionne un ſemblable dans
la veine cave ; il l'entraine & la reſſerre
en s'abaiſſant , & dans l'expiration ſuivan-
te il la relache , elle ſe remplit & s'accourcit. Il faut réünir toutes ces conſidera-
tions , quand on veut expliquer le mouvement du cerveau & des veines.

L'ordre exige, que j'examine actuellement
le

le mouvement du fang veineux , comme j'ai examiné celui du fang arteriel du cœur aux extrèmités ; je me fuis fervi pour cela des ligatures à l'exemple D'HARVEY & de WALEUS (*m*) , qui employerent ce moyen pour prouver, contre toute l'antiquité , le retour du fang veineux vers le cœur. D'abord j'ai lié près du cœur la veine cave inférieure , ou la fupérieure, ou toutes les deux enfemble. L'effet dans tous ces cas là eft conftamment le même ; le fang fe ramaffe entre la ligature & les extrèmités, je veux dire entre la ligature & les membres, la tète ou le bas ventre, pendant que la partie de la veine interceptée entre l'oreillete & la ligature refte vuide. Quelquefois ces ligatures arrètent le mouvement du cœur, mais cela n'arrive pas toujours , dans une grenouille par exemple, je liai trois des principales veines , dans un chat les deux caves & la veine pulmonaire , & dans une anguille la veine cave , fans que le cœur ceffat de battre ; d'autres fois cependant j'ai vû dans des grenouilles, que le mouvement du fang languiffoit extrèmement , quand on lioit

la

(*m*) Dans les lettres *de motu fanguinis & chyli* qui fe trouvent dans prefque toutes les éditions de l'anatomie de BARTHOLIN poftérieures à l'an 1641.

la cave inférieure (*n*). Il peut au reſte
ſe gliſſer quelque erreur dans cette obſervation, & j'ai vû tout au contraire l'oreillete droite rechaſſer le ſang dans la partie
la plus proche de la veine cave, & le pouſ-
ſer juſqu'à la ligature, & dans la jugulaire même. J'ai vû cela ſi ſouvent, qu'il
eſt inutile de compter les obſervations &
les animaux, ſur leſquels je les ai faites ;
& j'ai vû déja dès l'an 1737 l'apparence
du pouls ſur la veine jugulaire d'un chat,
dans laquelle l'oreillette droite avoit verſé
du ſang : dans les grenouilles mêmes cette oreillette remplit très ſouvent de ſang
la veine cave juſques au foye, comme je
le dirai plus au long ailleurs.

Quand on lie la veine cave dans le bas
ventre, elle ſe gonfle au deſſous de la ligature, mais elle ne ſe vuide pas toujours
entre cette ligature & le cœur, parceque
le ſang des reins & du foye rentre dans
la partie de veine, qui eſt entre le cœur
& la ligature ; cela n'empêche cependant
pas, que dans les grenouilles cette
portion de veine ne ſe deſempliſſe ſen-
ſiblement.

J'ai lié les veines pulmonaires de la même façon que les veines caves, & l'effet
a été

(*n*) Voyez ſur ce fait la diſſertation, que j'ai
inſerée dans le 1 volume des Memoires de la
Societé Royale de Gœttingue pag. 273. & ſuiv.

a été le même ; le fang amaffé entre la ligature & le poumon a gonflé les veines de ce vifcere, & la partie de veine interceptée entre le ventricule gauche & la ligature s'eft vuidée. Quelquefois j'ai lié la veine porte, d'autres fois je n'ai lié que fon rameau méfenterique ; la grande veine méfenterique s'eft gonflée à la vérité, (quoique fouvent d'une façon peu fenfible), entre la ligature & les inteftins ; mais la partie comprife entre la ligature & le foye n'a point diminué, & n'a pas moins donné de fang, quand on l'a ouverte, parce que c'eft précifément dans cette partie interceptée, que la veine fplenique, la gaftrique & quelques autres veines moins confiderables viennent fe décharger.

J'ai enfuite lié un rameau méfenterique plus près de l'inteftin, il s'eft enflé entre la ligature & les inteftins, mais n'a pas le moins du monde diminué entre la ligature & le foye, parcequ'il fe décharge dans cet efpace une trop grande quantité d'autres rameaux, pour qu'on s'apperçoive de la diminution, que peut produire l'obturation d'un feul. J. RIOLAN le premier, & d'autres après lui, ont objecté ce fait à HARVEY (o).

Quand j'ai lié la veine jugulaire, j'ai toujours vû l'efpace compris entre la tête

&

(o) Prætermiff. edit. de Paris 1652. p. 165.

& la ligature ſe gonfler, pendant que l'autre partie reſtoit vuide, à moins que la
force de l'expiration & celle de l'oreillette
droite n'ayent troublé l'expérience.   En
liant la veine brachiale d'un chien, j'ai vû
la portion compriſe entre le cœur & la ligature ſe vuider parfaitement, & paroitre
reduite à un filet, dont il ne ſortoit point
de ſang en le coupant; pendant que la
partie inférieure compriſe entre la ligature
& les pattes, ſe gonfle extrèmement, & donne beaucoup de ſang, mais ſans pulſation.
Enfin je liai de mème la veine crurale
d'un chien, & d'un gros rat; dans l'un
comme dans l'autre la partie inférieure à
la ligature ſe gonfle, la ſupérieure ſe vuide & ſe retrecit.

Il paroit par là, que toutes les fois, qu'il
n'y a point d'anaſtomoſes, qui fourniſſent le ſang au deſſus de la ligature, ou
que le cœur mème n'y en renvoye pas,
le ſang s'amaſſe entre la ligature & la tète, le bas ventre ou les extrèmités; & que
la partie compriſe entre le cœur & la ligature ſe vuide entierement; ce qui eſt
parfaitement conforme aux découvertes
d'H A R V E Y; expériences, qu'il paroitroit
peut ètre inutile d'avoir vérifiées de nouveau, ſi de nos jours encore H O M O B O N
P I S O N I, medecin italien, ne s'étoit dé-
claré contre la circulation; l'on ne peut
d'ailleurs trop bien établir des vérités, qui
ſervent

fervent de bafe à prefque toute la medecine.

Que les veines liées s'enflent au point
d'être plus groffes que les arteres, c'eft
ce que je n'ai pas vû. Comme elles font
plus flexibles, & que la veine jugulaire
par exemple peut être dilatée par une injection de mercure au point de former un fac
prodigieux, elles ont d'un autré coté un
plus grand nombre d'anaftomofes que les
arteres, & des anaftomofes plus confiderables, qui leur fervent à renvoyer le fang
dans les vaiffeaux libres. Ces veines anafto-
mofées peuvent fe dilater prodigieufement ;
j'ai donné ailleurs la defcription d'une veine, qui naiffoit d'une petite veine ureteri-
que, & qui après l'obftruction de la veine cave, fervit à porter tout le fang des
iliaques a la renale, & devint auffi groffe que la cave même.

J'ai obfervé attentivement les effets de
la ligature des petits vaiffeaux ; pour cela j'ai lié trois fois dans des grenouilles
une veine méfenterique, & à l'aide d'un
microfcope j'ai vû dans toutes les expériences, qu'il fe ramaffoit beaucoup de fang
fous la ligature, à l'endroit de laquelle
il avoit perdu le mouvement & la fluidité, fans qu'il fe fit de tumeurs dans la
veine même, & que le fang de la veine rebrouffoit chemin depuis la ligature, qu'il
retournoit vers les inteftins & qu'il repaf-

foit

foit par quelque veine collaterale dans de plus gros vaiſſeaux , qui le ramenoient au cœur. Mais quand un rameau veineux étoit entierement rempli par le ſang figé , alors le ſang du tronc , ſans faire aucun effort pour dilater ce tronc , abandonnoit la branche liée, & paſſoit dans quelque rameau voiſin de la ligature ; l'obſtruction veineuſe ne ſert donc pas mieux , que ne fait celle des arteres à expliquer l'inflammation , accompagnée de tumeur , de rougeur , de pulſations , qui eſt une ſuite des coagulations du ſang , comme il arrive dans la peripneumonie.

Je dois parler à preſent , de ce que le microſcope (*p*) nous découvre ſur le mouvement du ſang veineux , que j'ai obſervé ſi ſouvent ſur les poiſſons & ſur les grenouilles.

Et d'abord ſa direction naturelle eſt, comme je l'ai déja dit, des extrêmités vers le cœur , de façon qu'il paſſe des vaiſſeaux capillaires & d'un globule de diametre (il eſt contradictoire d'en établir de plus petits)

(*p*) MALPIPHI a obſervé ſur le méſentere d'une grenouille. Cet homme illuſtre eſt le premier qui dès l'an 1661 , c'eſt à dire avant LEEUWENHOECK , a obſervé la circulation du ſang ſur les vaiſſeaux des poumons ; quatre ans après en 1665 il l'obſerva dans le méſentere d'une grenouille , & l'établit par de très belles obſervations.

tits) dans ceux de deux & de trois globules, & fucceffivement dans de canaux plus gros encore, & par là jufques au cœur. J'ai fouvent confideré ce fpectacle bien attentivement & avec bien du plaifir, fur le méfentere d'un crapaud, dans lequel le rezeau des petits vaiffeaux eft plus fenfible, que dans une grenouille.

Le mouvement du fang dans les veines eft rapide, & n'a point cette lenteur (q), que la plufpart des phifiologiftes lui attribuent. Il eft rapide dans les troncs & dans les rameaux veineux d'un animal bien portant, il eft rapide même dans les veines capillaires; je l'ai déja dit, & je ne me laffe point de le repeter. Je pourrois m'appuyer du célebre M. MUSSCHENBROECK qui déclare, que le mouvement du fang arteriel eft très rapide dans l'endroit, où ces vaiffeaux deviennent veines (r). Mais il vaut mieux n'employer d'autres preuves, que celles des expériences. Dans la plûpart de celles, que j'ai faites relativement aux veines, j'ai trouvé, que la viteffe de leur fang n'égaloit pas celle du fang des arteres correfpondantes, & qu'elle étoit deux ou trois fois plus lente, tout

F

comme

(*q*) Voyez les termes de LEEUWENHOECK lettre 102. & dans la continuation des *arcan. natur.* p. 131.

(*r*) Effais de phyfique p. 392.

comme les veines ont ordinairement une lumiere deux ou trois fois plus grande que les arteres. Il arrive cependant affez fréquemment, qu'on ne peut appercevoir aucune difference entre la viteffe du fang arteriel & celle du fang veineux des vaiffeaux correfpondans ; j'ai même trouvé quelquefois plus de rapidité dans la veine, & l'on voit affez communement, que les veines confervent leur mouvement, après que les arteres ont perdu le leur. En général on n'a pas befoin de calcul pour prouver, que la viteffe du fang dans les veines caves doit être à celle du fang dans l'aorte, en raifon inverfe du calibre de ces vaiffeaux, & les calibres des veines caves ne font pas tout à fait triples de l'aorte ; la proportion de 3578 : 1000, établie par M. CLIFTON WINTNINGHAM étant de beaucoup trop forte, puifqu'elle donneroit la raifon du diametre de la cave fupérieure à l'aorte comme 1865 : 1000, au lieu que dans l'homme l'aorte eft plutôt plus grande, que la veine cave fupérieure.

Au refte les petits vaiffeaux & les veines capillaires paroiffent quelquefois ramener (ſ) le fang avec plus de lenteur que

les

____

(ſ) MALPIGHI dans le même ouvrage p. 92.

les troncs, & les viteſſes paroiſſent être
preſque en raiſon directe de leurs calibres.
Et j'ai vû quelquefois, quand deux vaiſſeaux capillaires ſe réüniſſoient pour ne former qu'un tronc, que la viteſſe augmentoit dans le rameau réüni ; comme en général ſi la viteſſe que le ſang a dans l'aorte, ſe ralentit dans les arteres capillaires,
c'eſt une néceſſité que la viteſſe, que le
ſang a dans les veines capillaires augmente dans les gros vaiſſeaux veineux (*).
J'ai vû cependant quelquefois, que le mouvement étoit plus rapide dans les veines
capillaires, que dans les troncs. Cette diminution de viteſſe dans les petits vaiſſeaux
fait, que les globules paroiſſent ſéparés l'un
de l'autre & éloignés, & que leur diſtance laiſſe un aſſez grand intervalle, au lieu
que dans les grands vaiſſeaux les globules
paroiſſent former une maſſe continue ; &
cette ſéparation des globules n'occaſionnant
aucune diminution dans leurs viteſſes, il
faut néceſſairement, que ces vaiſſeaux contiennent un autre fluide inviſible, qui forme la chaine de liaiſon entre chaque globule rouge, ſans quoi il ſeroit impoſſible
de comprendre, comment la force du cœur

F 2

pour-

(*) Butler of blood letting p. 11. Robinson animal. œconom. prop. 10.

pourroit paſſer des globules poſtérieurs à ceux qui les dévancent, d'autant plus, que les veines manquent de contraction, & ne ſauroient aider le mouvement de ces globules.

Le ſang veineux ſe mouvant avec plus de lenteur, s'arrète auſſi plus promtement que le ſang arteriel, & retrograde plus aiſément, comme je le dirai plus au long tout à l'heure; il n'eſt pas rare cependant de le voir conſerver ſon mouvement plus long tems, que le ſang des arteres, comme je le diſois plus haut.

Mais ces deux mouvemens different, en ce que le mouvement du ſang veineux n'éprouve (autant au moins que j'ai pû m'en appercevoir) aucune accélération, ni dans les petits vaiſſeaux ni dans les grands (*u*), mais qu'il coule par tout d'une viteſſe parfaitement égale, & qu'il jaillit avec cette même égalité quand on ouvre la veine (*x*). Car il n'eſt point queſtion ici, ni de ce pouls reſpiratoire, dont j'ai déja parlé, ni de celui, que la retroceſſion du ſang de l'oreillette occaſionne dans la veine cave, ni enfin de la nouvelle viteſſe, que le ſang veineux aquiert quelquefois

(*u*) G. ADAMS dans l'ouvrage déia cité p. 45.

(*x*) J. A. BORELLI *de motu animalium* libr. 2. prop. 31.

fois après un repos parfait, ou du moins après un ralentiffement accidentel.

L'on peut obferver auffi dans les vei-nes, & plus nettement même que fur les arteres, que les globules, qui coulent au milieu des vaiffeaux le long de l'axe, ont un peu plus de viteffe, que ceux qui coulent le long des parois (*y*). Je n'ai point remarqué, que les angles diminuaffent la viteffe de la circulation, mais j'ai vû au contraire dans les endroits, où les vaiffeaux communiquent, que le fang paffoit de l'un à l'autre à travers des vaiffeaux les plus petits & fous des angles très aigus, avec autant de rapidité, qü'il en avoit auparavant.

C'eft fans effort & fans reffaut, que fe fait la retroceffion des globules fanguins contre l'éperon qui fe trouve au lieu de divifion de deux veines, & de cet éperon ils paffent dans le rameau fans changer de figure, & continuent leur route naturelle. Tout comme ces heurtemens ofcillatoires de deux colonnes, qui viennent l'une contre l'autre, ne changent point la direction en ligne droite, ni la figure des globules.

L'on n'obferve rien dans les veines, qui ait rapport à un mouvement de tourbillons ou de rotation, tout le fang veineux

F 3

fe

(*y*) Malpighi *poft.* p. 92.

fe meut fur des lignes droites & paralleles entr'elles (*z*) ; & quoique les differens phafes des globules, qui dans les vaiffeaux capillaires fe montrent tantôt tranf-
parens & tantôt obfcurs, paroiffent y in-
diquer un mouvement de rotation, elles
dépendent pourtant beaucoup plus des fréquentes courbures de ces petits vaiffeaux,
que d'un changement bien averé des globules.

Comme les anaftomofes font beaucoup
plus fréquentes dans les grandes veines que
dans les arteres, & qu'il fe trouve un grand
rets veineux dans le méfentere des grenouilles, il fournit une occafion de confir-
mer, ce que j'ai dit fur les conjonctions
des vaiffeaux. Il eft bien vérifié que le
fang y va tantôt dans une direction naturelle & tantot dans une direction contraire (*a*). Quand deux troncs veineux communiquent enfemble par un rameau voifin, ce fera tantôt l'un des troncs, & tantôt l'autre qui fournira de fang ce vaiffeau de communication : & cela arrive
dans l'état de fanté mème ; je ne parle
point ici des ofcillations, qui font hors
de l'état naturel. Et il ne fera pas inutile de remarquer ce que j'ai obfervé, c'eft
qu'une

(*z*) M A L P I G H I même ouvrage p. 92.
(*a*) De H E I D E obf. 85.

qu'une petite veine ayant fon infertion dans un tronc veineux beaucoup plus grand, la force du courant de celui-ci arrète entierement le mouvement du fang de la petite veine, qui avoit cependant quelques globules de diametre, & l'empêchoit de fe repandre dans le grand tronc. Cela nous apprend, pourquoi la nature a voulu, que les veines d'un globule de diametre n'euffent jamais leur infertion dans des troncs beaucoup plus confiderables qu'elles; & pourquoi les plus petits rameaux veineux fe réüniffent, & fe joignent pour former de petits troncs, qui fe réüniffant enfuite en de plus gros, forment une gradation fucceffive, qui donne au fang des branches les plus groffes, affez de force, pour pénetrer dans les troncs, malgré la force oppofée de leurs courans. Cela établit en même tems la néceffité du canal thorachique,& fortifie l'idée où je fuis, qu'aucune petite veine lymphatique ne fe vuide dans la veine cave, la lombaire & l'azigos, comme PECQUET dans fes dernieres expériences (*b*) KULMUS & quelques autres auteurs l'ont cru.

Les dérangemens, qu'éprouve la circulation du fang veineux, font comme dans les arteres la perturbation du fang, l'of-

F 4   cil-

____

(*b*) Nouvelle infertion du canal thorachique.

cillation , la retrogradation , le repos : & quelquefois même l'inanition , quoiqu'el-le soit de beaucoup moins frequente que dans les arteres,

La perturbation de mouvement du sang veineux confiste , comme dans les arteres, en ce qu'il fe ralentit & redouble enfuite de vitesse , en ce qu'il s'arrête tout à fait, & fe remet après en mouvement avec une viteffe beaucoup plus forte. C'est apparemment ces irregularités & l'indétermination de la viteffe du fang veineux , qui ont fait dire a M. Quesnay (c), qu'on ne pouvoit rien etablir de fixe fur cet article.

L'ofcillation dans les veines fait un très beau phénomene ; tant à caufe de la grandeur des rezeaux veineux, que parceque le fang veineux a paru dans toutes mes expériences avoir beaucoup de pente à retrograder, ce qui occafionne néceffairement une ofcillation, qui dure auffi long tems, que les forces vitales fe confervent affez entieres, pour entretenir le mouvement dans les autres vaiffeaux.

Le fang veineux va & vient donc alternativement dans le même tronc, & rebrouffe quelquefois jufqu'aux inteftins, avant que de revenir au cœur , comme on l'obferve

(c) Oeconomie animale 1. édition p. 233.

ferve très fréquemment dans les poiſſons & dans les grenouilles, quand ces ani-maux commencent à s'affoiblir. Le ſang paroit rencontrer dans le tronc un obſta-cle, dont le choc l'oblige à rebrouſſer, & reciproquement en rebrouſſant du tronc, il eſt arrèté par la force du ſang de la branche. Mais avant qu'il change de di-rection, il ſe fait une eſpece de petit com-bat, les colonnes de ſang, qui ſuivent des courans oppoſés, ſe heurtent & ſe repouſ-ſent mutuellement. J'ai vû d'autres fois un tronc méſenterique porter le ſang juſ-qu'au milieu du méſentere, d'où il reve-noit aux inteſtins par un autre tronc, dont le ſang avoit la direction de celui des ar-teres. D'un autre coté j'ai vû, dans les endroits, ou deux branches tranſverſales ſe jettoient dans le même tronc, le ſang ſe balancer de la façon, que je vais le dire. Il alloit un moment tantôt par un mouvement retrograde du tronc dans l'u-ne ou l'autre des branches, & bientôt en ſuivant ſon mouvement naturel il couloit des deux rameaux dans le tronc; d'au-tres fois repouſſé par le rameau droit, il retrogradoit à travers le tronc dans le ra-meau gauche, d'où il revenoit à travers le tronc dans le rameau du coté droit; & j'ai vû ces alternatives durer pendant plus de 30 minutes.

Mais un ſpectacle plus beau encore, c'eſt

F 5   celui

celui qu'offrent les veines, qui communiquent entr'elles, & dans lefquelles on voit le fang fe mouvoir fous toutes les directions poffibles. D'une veine voifine du cœur & placée du coté droit, il paffe par un tronc mitoyen dans un tronc placé plus à gauche, & la refiftance, qu'il y trouve, occafionne une ofcillation. Après cette ofcillation il defcend par ce tronc gauche vers les inteftins, ou bien il reprend fa route par le canal mitoyen. Quelquefois au fortir de ce vaiffeau, il rentre dans la direction naturelle & fe porte du coté du cœur; d'autres fois il retrograde au deffous de l'infertion du vaiffeau de communication. Il arrive encore, que le mouvement commençant par un tronc à droite près des inteftins, le fang paffe 1°. par une anaftomofe dans un tronc placé à gauche, d'où il prend fa route tantôt du coté du cœur, & tantôt en bas du coté des inteftins (*d*); ou 2°. qu'il continue à fe mouvoir dans fon tronc du coté du cœur, fuivant la loi ordinaire de la circulation. Enfin l'on voit dans le même tems & dans le même tronc veineux, le fang, qui y revient d'un rameau, couler en partie du coté du cœur, & en partie du coté des inteftins.

Ce

(*d*) De Heide a apperçû quelque chofe de femblable obf. 85.

Ce que j'ai dit du tronc droit a lieu bientôt après dans le tronc gauche. Quelquefois le sang y rebrousse chemin, & quelquefois il passe par le rameau mitoyen, d'où il est ou rapporté au cœur, ou repoussé vers les intestins. La difference des angles, que le rameau mitoyen fait avec les deux troncs, n'en apporte aucune dans la vitesse, avec laquelle le sang sort de ces deux vaisseaux, & il ressort du tronc gauche sous un angle aigu avec autant de vitesse, qu'il en avoit à sa premiere sortie du tronc droit, sous un angle obtus. J'ai vû distinctement cette espece de combat, qui a lieu entre les differentes colonnes, qui sont emportées par leur mouvement de façon que ce double mouvement direct & renversé du sang, occasionne une espece de tourbillon dans les vaisseaux (*e*). Et j'ai vû très souvent, comme je l'ai dit ailleurs, que de tous les vaisseaux, il n'y en a point dans lesquels le mouvement se conserve plus long tems, que dans les branches de communication.

J'ai vû de plus dans un même tronc veineux, & trois de ses rameaux, les differens mouvemens suivans. Dans le tronc le sang oscilloit. Il y retrogradoit un moment,

(*e*) Le mouvement dont je parle ici est celui qui étonnoit si fort Læuwenhoeck *contin. arcanor. natur.* p. 116.

ment, & un autre partant de la partie la
plus voiſine des inteſtins, il etoit emporté ſuivant la direction ordinaire du coté
du cœur, ou du moins dans quelque branche, qui y ramenoit le ſang. Le rameau
ſupérieur ne contenoit que peu de globules, mais qui avoient un mouvement d'oſcillation très marqué, de façon, qu'ils é-
toient alternativement emportés du coté
des inteſtins, & le moment ſuivant du coté du cœur. Quant au rameau mitoyen,
le ſang du tronc s'y jettoit quelquefois,
& dans d'autres momens il en étoit repouſſé avec beaucoup de viteſſe. Enfin le ſang,
après être deſcendu avec beaucoup de viteſſe dans le tronc inférieur, en reſſortoit
enſuite en montant contre ſon propre poids.
Tout ceci a eu lieu, après que j'ai eu coupé
deux des principaux troncs de l'aorte.

Quelquefois l'oſcillation ſe fait de la façon que je vais expoſer. Le ſang s'arrète tout à fait, & reprenant ſon mouvement dans une direction retrograde, il re-
paſſe dans quelque autre rameau, par lequel
il revient au cœur (_f_).

Le mouvement direct & naturel ſucce-
de quelquefois à l'oſcillation ; & d'autres
fois le mouvement retrograde eſt ſuivi d'un
repos total, qui arrive auſſi ordinairement,

comme

(_f_) MALPIGHI au même endroit p. 92.

comme je le dirai ailleurs, quand on a arraché le cœur. Il paroit que c'eſt à ce mouvement oſcillatoire, que le célebre M. WHYTT attribue le mouvement du ſang dans les petits vaiſſeaux (*g*). Mais il ſuffit pour détruire ce ſiſteme, de remarquer, que ce mouvement n'a jamais lieu dans l'animal bien portant ; qu'on ne peut pas par conſequent le ranger parmi les cauſes naturelles du mouvement du ſang ; qu'il n'eſt pas une faculté, mais une maladie.

Rien n'eſt plus frequent, que le mouvement retrograde dans les veines ; & ſouvent dès que l'on a mis une grenouille ſur l'objectif, pendant que les arteres battent très regulierement encore, le ſang veineux commence déja à rebrouſſer & à retourner du coté des inteſtins, parcequ'il n'y a point de valvules qui s'y oppoſent. Je ſoupçonne, que c'eſt ſouvent une bleſſure, qui eſt la cauſe de cette retrogradation, parceque le reflux du ſang eſt très ordinaire, quand il y a quelque vaiſſeau veineux de rompu ; il eſt vrai qu'il a lieu quelquesfois, quoiqu'il n'y ait point de vaiſſeaux ouverts. Quelquefois c'eſt la coagulation, qui l'occaſionne (*h*), ce qui eſt évident, parceque le mouvement naturel

ſe

(*g*) On vital motion p. 96.
(*h*) Comme dans l'exemple rapporté par LEEU-
WENHOECK *exper. & contempl.* p. 208.

fe retablit après la diffolution du coagulum, que les globules rouges avoient formé. J'ai vû en d'autres tems le fang repouffé par le caillot d'une veine coupée.
J'ai vû encore le fang revenir d'un grand
tronc dans une petite branche de quelques
globules de diametre. C'eft ce que l'ami
du célebre M. BAKER prit pour la fe-
cretion d'une humeur extrèmement fine
(*i*).

L'ofcillation & le mouvement retrograde font prefque toujours fuivis du repos,
qui n'eft pas de durée, lorfque les forces
vitales font encore bien confervées, & dans
ce cas là on voit le fang, dont le cours
étoit arrêté, fe remettre de lui même en
mouvement, pour fuivre fon cours naturel, ou du moins pour aller & venir.
Dans les animaux à fang chaud, le mouvement du fang ceffe beaucoup plus vite ; & les veines de l'abdomen ouvert dans
l'animal vivant, deviennent variqueufes &
gonflées par les amas de ce fang arrêté,
comme le grand BOERHAAVE l'enfei-
gnoit à fes auditeurs. La ceffation du mouvement commence par les petits vaiffeaux,
dans les poiffons par ceux qui font les plus
proches de la queuë, dans les grenouilles
dans

(*i*) Voyez l'ouvrage de cet auteur cité plus
haut p. 136.

dans les rets veineux d'un globule de diametre, pendant que le sang des gros troncs
continue à couler (*k*).

Il arrive pourtant auffi, que le mouvement cefle dans quelques rameaux & fe
continue dans d'autres ; & il n'eft pas fans
exemple, que les petites veines d'un ou
deux globules de diametre confervent le
leur, après qu'il a entierement cefsé, non
feulement dans les troncs veineux, mais
même dans les plus grofles arteres. J'ai
obfervé dans un crapaud, que les petits
vaifleaux confervoient leur mouvement,
quoique j'eufle arraché le cœur. Cela eft
rare.

Dans le repos les veines font fouvent
très remplies d'un fang, qui reffemble à
de l'huile par fes *ftries*, & le lendemain
même de la mort, j'ai trouvé les veines
pleines d'un fang fec & immobile. Il arrive cependant auffi, que les veines pa-
roiflent vuides dans les commencemens de
l'expérience, foit que cela dépende du jeune de l'animal, ou de quelque autre caufe. Dans d'autres fujets elles font vuides
feulement dans une certaine étendue de
leur longueur ; & dans d'autres encore elles ont du fang dans toute cette longueur,
mais en petite quantité & d'une couleur
jaune ;

(*k*) Voyez de HEIDE exper. 8.

jaune ; enfin après la mort apparente les veines font généralement ou vuides, ou tout au plus à demi pleines, furtout quand l'animal a perdu un peu de fang. Auffi n'eft il pas rare de trouver dans les animaux à fang chaud, & dans l'homme même, des veines vuides ou remplies de bulles d'air, foit dans le cerveau foit dans les autres parties. Prefque tous les écrivains, qui ont traité ces matieres, font les veines pleines de fang après la mort; & cela eft vrai de la veine cave & des autres gros vaiffeaux, dans lefquels le froid & d'autres caufes, dont je parlerai au chapitre fixieme, pouffent le fang, qui s'amaffe à l'entrée des poumons ; mais cela n'eft point conftant dans les veines plus petites.

CHAPITRE CINQUIEME.

Effets de la Saignée fur la direction du Sang.

JE travaillois en Anatomie à Paris, quand M. SILVA, qui tenoit un rang diftingué parmi les praticiens de cette ville, publia fon traité *de la Saignée*, ouvrage qui trouva une foule d'oppofans. Il fondoit fon fyfteme fur ce principe de BELLINI.

Qu'on

Qu'on ouvre, difoit Bellini, une veine; le fang de cette veine, celui des veines voifines, & celui de l'artere qui leur fournit, aquiert un nouveau degré de viteffe, & fe jette vers l'endroit ouvert. Il fe fait de cette maniere une grande dérivation des humeurs fur la partie, dont la veine a été ouverte, & les autres veines, avec lefquelles elle n'a pas de communication, éprouvent par là même une revulfion confiderable.

Plufieurs auteurs (*a*) attaquerent ce principe, mais furtout M. QUESNAY (*b*), & avec lui un homme d'un génie fupérieur, l'illuftre M. SENAC, qui, dans des lettres, qu'il publia d'abord fous le nom emprunté de JULIEN MORISSON (*c*), enfuite dans fes Effais phyfiques fur l'anatomie de M. HEISTER, & enfin dans fon grand traité *du Cœur*, a combatu avec

beau-

(*a*) M. CHEVALIER *obfervations critiques fur le traité des faignées* 12. 1730. M. ROGER BUTTLER *effay on blood letting* 8. London 1734. M. BROWNE LANGRISH *moderne theory and practice of phyfic* 8. London 1738. M. MARTIN *de la phlébotomie & de l'arteriotomie* 12. Paris 1741. M. ROLAND JACKSON *de vera phlebotomia theoria* Lond. 1747. 8. GILES WATTS *of revulfion and derivation* Lond. 1754. 8.

(*b*) *Obfervations fur la faignée* 12. Paris 1730.

(*c*) *Lettres fur le choix des faignées* 12. Paris 1730.

G

beaucoup de gloire le principe de Bellini.
Parmi les Medecins praticiens, les uns ont
continué de fuivre l'ancienne doctrine, les
autres fe font rangés du coté du nouveau
fifteme. Et dès lors j'ai fouhaité de pouvoir m'affurer par des expériences, quels
changemens réels la faignée pourroit apporter à la direction du cours du fang.

Rien ne paroiffoit plus propre à décider
cette controverfe, que de faire une faignée à un animal vivant, dont on put diftinguer le fang à travers les membranes
des veines, afin de pouvoir obferver les
changemens, que ce fang éprouveroit. C'eft
ce qui me détermina à fuivre la route, que
de HEIDE avoit ouverte ; & à joindre
de nouvelles expériences à celles qu'il nous
a laiffé, & qui ont leur utilité. J'ai facrifié un grand nombre d'animaux à ces expériences, dont quelques unes ont été faites avec M. REMUS, & dont j'ai fait
la plus grande partie dans le courant de
l'été de 1754. Les faignées des veines
n'ont pas beaucoup de difficultés pour un
homme un peu exercé, parceque les veines méfenteriques des grenouilles, & furtout des crapauds, font très vifibles, &
s'ouvrent aifément avec la lancette. La
faignée des arteres, qui font moins groffes, moins colorées & plus dures, ne fe
fait pas tout à fait avec la même facilité.
J'en ai cependant fait un grand nombre,

&

& je n'ai point de regret au tems, que ces expériences m'ont pris.

La premiere chofe que je devois examiner c'étoit, fi la viteffe du fang augmenteroit dans la veine qu'on ouvre, & dans fes voifines, parceque cette fuppofition étant le fondement de toute la theorie de BELLINI (*d*), fi elle n'eft pas vraye, tout ce fifteme s'écroule par lâ même. L'illuftre auteur, caché fous le nom de JULIEN MORISSON (*e*), nie abfolument que le fang coule plus vite de la veine ouverte, que de celles qui reftent entieres, ou que la faignée procure quelque accélération dans le mouvement du fang veineux. Feu M. HAMBERGER eft à peu près dans les mèmes idées, puifqu'il ne calcule l'augmentation de viteffe occafionnée par la faignée, qu'à la difference de deux cent à deux cent un (*f*). Pour moi j'ai vû très fouvent, & auffi fouvent que je l'ai voulu voir, puifque le refultat a toujours été le mème, j'ai vû, dif-je, que quelle que fut la direction du fang dans la veine que j'ouvrois, foit qu'il al-

G 2

lat

(*d*) Propofit. 1.

(*e*) Voyez lettre cinq. Une thefe foutenue à Paris en 1734 fur cette matiere, fous la prefidence de M. BARON & les Effais de phyfique édit. de 1735. p. 522. 524.

(*f*) Differtatio de ven. fect. n. 43.

lat naturellement du coté du cœur, soit
que par un mouvement retrograde il fut
porté vers les inteſtins, ſoit qu'il ſe ba-
lançat, ou qu'il fut en repos, ſoit enfin
qu'on eut arraché le cœur, ou lié, ou
coupé les aortes, le ſang dans tous ces cas
ſortoit de la veine coupée avec une viteſſe beaucoup plus grande, que celle qu'il
a dans aucune veine entiere (*g*), & même plus vite, qu'il ne parcourt les arteres ; il ſort d'abord en faiſant des tourbillons, comme s'il étoit lancé par le poids
d'une grande colonne d'eau, qui forceroît
un tuyau ; & ſa viteſſe, qui eſt la plus
grande au ſortir de la playe, diminue, à
meſure qu'il ſe repand dans les lames du
méſentere, & les globules, qui étoient d'a-
bord ramaſſés ſous la forme d'un jet fort
ſerré, s'éloignent peu à peu, & le lit du
courant s'élargit conſiderablement.   Deux
courans oppoſés, rapides l'un & l'autre,
ſe hâtent de ſe jetter dans l'ouverture de
la veine ; il vient cependant plus de ſang
& avec plus de viteſſe du coté du cœur,
& la colomne qui en vient, repouſſant celle qui vient du coté des extrèmités, fournit preſque ſeule tout le ſang qui coule par
la ſaignée.

J'ai

(*g*) Ces experiences ſont conformes à celles
de de H e i d e, voyez ſon ouvrage p. 2. 4.

J'ai vû enfuite, que l'ouverture d'une veine occafionne un mouvement très rapide du fang veineux, même après qu'il a été long tems en repos (*h*), & que le cœur a été enlevé ; & que cette viteffe a lieu, non feulement dans la veine ouverte & dans les rameaux qui s'y jettent, mais encore dans les troncs voifins, qui communiquent avec elle, & même dans les petites veines capillaires. Cette expérience ne manque jamais, à moins que la veine, qu'on ouvre, n'ait déja vuidé tout fon fang, ou ne foit deffechée ; elle réuffit même, comme je l'ai déja dit, après qu'on a arraché le cœur, & après la ligature des deux grands troncs de l'aorte, dont tout le corps de cet animal tire fon fang. Enfin la faignée paroit fi efficace pour changer le cours du fang, qu'elle occafionne un mouvement contraire aux loix les plus ordinaires de la circulation (*i*), en faifant rebrouffer le fang du coté du cœur vers l'incifion, & elle accelere le mouvement de celui qui venoit du coté des inteftins, ce qui occafionne dans l'ouverture le confluent des deux colonnes oppofées, qui viennent y aboutir. C'eft un fpectacle amufant, que de voir l'efpece de combat, qui fe livre entre ces deux

G 3

co-

(*h*) Voyez de Heide p. 4. 8. & Hales Hæmæftatiks p. 165.

(*i*) De Heide p. 5. 8.

colonnes, & qui quelquefois eft d'autant plus fenfible , que leurs couleurs font differen- tes ; le courant du coté du cœur étant d'un rouge beaucoup plus éclatant, que celle qui vient du coté des inteftins, qui eft plus pale.

Ce mouvement rapide defemplit confi- derablement , & vuide meme prefque en- tierement les veines voifines. Comme le fang qui retourne du cœur a plus de vi- teffe , que celui qui arrive du coté des in- teftins, fon cours fe foutient auffi plus long tems , & ces deux differences de viteffe & de durée font à peu près en meme raifon. Quelquefois il n'y a que le courant du co- té du cœur, qui fourniffe du fang.

Les veines voifines vuident leur fang vers l'incifion, non feulement par un mou- vement direct, mais encore par un mou- vement retrograde (*k*), & fi leur fang croupit ou eft en repos, la faignée lui re- donne du mouvement, & rend en même tems la fluidité à ces amas de globules, que le croupiffement avoit fait dégénerer en une efpece de maffe huileufe.

Après avoir fait à une veine deux ou- vertures, entre lefquelles le fang reftoit en repos & par lefquelles il ne fortoit point, je vis , qu'enfin il fe déterminoit du co- té

______

(*k*) De Heide p. 4.

té de l'ouverture inférieure, par laquelle il fortit.

Il arrive peu de changement tant par rapport à la viteffe, que par rapport à l'évacuation dans les veines du méfentere les plus éloignées de celles qu'on ouvre, comme l'auteur des lettres de Morisson l'a très bien remarqué (*l*). Les maffes de globules réünis font remifes en mouvement par la faignée ; & les grumeaux, qui en fortent quelquefois par l'ouverture fous la forme de nuées rouges, contribuent à retablir la liberté de la circulation. Enfin ce qui n'arrive pas ordinairement, après avoir fait fept faignées, j'ai vû le mouvement du fang veineux fe conferver encore pendant deux heures, meme dans les petits vaiffeaux capillaires. L'on voit par tous ces faits, combien la faignée eft propre à retablir la circulation fufpendue dans les noyés & dans les maladies foporeufes.

Il paroit encore, qu'une faignée attire le fang du voifinage fur la partie fur laquelle on la fait, & qu'ainfi il n'y a rien dans la doctrine de la dérivation, qui repugne aux expériences, pourvu que fon effet ne foit pas empeché par les valvules.

G 4

Ainfi

(*l*) Lettre huit. Effais de phyfique p. 526. 529.

Ainsi la saignée de la jugulaire, vuide le cœur, l'oreillette droite & le poumon, parcequ'il n'y a point de valvules entre deux, qui s'y opposent, comme je m'en suis affuré par d'autres expériences sur un chien; sur lequel je vis distinctement, que le sang ne trouvoit aucun obstacle depuis l'oreillette droite jusques dans la veine jugulaire externe. Il est encore plus certain & plus connu, que la saignée de la même veine débarasse le cerveau.

L'on voit aussi que les coagulations produites, comme les plus grands Medecins l'ont observé, par la peur, le froid des fievres, ou d'autres causes, peuvent être déplacées & dissoutes par la saignée, & qu'elle rend la fluidité au sang arrêté.

C'est non seulement dans une partie particuliere, mais même dans tout le corps de l'animal, que le sang coagulé & épaissi peut être resous par cette augmentation de vitesse que la saignée occasionne, comme on peut s'en assurer par des expériences sur des grenouilles.

Il suit un autre theoreme de ces faits. Comme toutes les veines du corps sont liées les unes aux autres, les plus proches de celles qu'on ouvre sont celles qui se vuident le plus considerablement, celles qui sont plus éloignées se déchargent dans celles-ci, leur sang aquiert un peu plus de vitesse, mais ces effets vont toujours

Jours en diminuant à mefure, qu'on s'é-
loigne de la veine ouverte, & il ceffe enfin abfolument (*m*) ; puifque toute hémorrhagie par les veines ceffe affez vite
d'elle même, & que dans les faignées ar-
tificielles le fang s'arrète bien vite, quand
même on ne banderoit pas la playe. Il
n'arrive donc jamais, que toutes les veines fe vuident entierement ; & celles qui
font éloignées de la faignée fe defempliffent
même très peu, comme je l'ai dit en rapportant le refultat de l'expérience. Quoique la dérivation, & même une petite revulfion dans les veines, foient prouvées
par ces faits, ils ne fuffifent donc pas
pour prouver, que ces effets s'étendent
jufqu'aux parties les plus reculées du corps.

Mais la feconde & la plus importante
partie de la queftion c'eft de favoir, fi la
faignée accelere auffi le mouvement du fang
arteriel, comme on l'établit dans l'hipothefe de Bellini (*n*). Ce qui prouve en
effet l'importance de cette partie de la queftion, c'eft que ce n'eft point fur la déri-
G 5 vation

(*m*) Un homme de beaucoup de génie, c'eft
Mr. G. C. Order profeffeur à Copenhague, a
très bien éclairci cela dans fa thefe inaugurale imprimé à Gottingue en 1749.

(*n*) Voyez Bellini propofit. 1. & H.
Schulze dans une differtation intitulée *de
præjudic. circa. ven. fect. opinion. &c.*

vation ou fur la revulfion des veines, qu’on compte en pratique , mais fur celle qui doit fe faire par les arteres correfpondantes à la veine ouverte : que d’ailleurs les maladies inflammatoires , telles que la phrenefie , & la pleurefie , font regardées comme des maladies des arteres ; & qu’enfin le grand Boerhaave & avec lui prefque tous les praticiens , efperent qu’en faifant ouvrir une veine , ils y détermineront le cours du fang , qui gonfle la partie enflammée , qu’ils defobftrueront les extrèmités artérielles , & qu’ils rendront au fang fa fluidité.

Il eft très difficile de décider cette queftion par les expériences ; leur refultat n’a pas toujours été le même , & celle que j’ai faites fur moi même ne repondit point à mon attente ; car dans une fievre continue, telle que j’en ai eu plufieurs & de très facheufes à Gottingue, je me fis faire une faignée , mon pouls avant l’opération battoit cent vingt & deux fois par minute ; il conferva la même viteffe pendant l’opération , & n’en perdit rien , quand elle fut finie. Pour les expériences à faire fur l’animal vivant , il y a une autre difficulté, c’eft que le mouvement des arteres fe ralentit beaucoup plus tard , que celui des veines , & qu’il faut attendre plufieurs heures , avant que ce ralentiffement devienne fenfible. A moins que vous n’attendiez ce ralen-

ralentiſſement, le mouvement du ſang artériel, qui de lui même eſt rapide, n'eſt
point accéleré viſiblement par la ſaignée ;
& ſi vous la renvoyez, juſqu'à ce que le
mouvement artériel ait été ralenti, ſouvent dans cet intervale les veines ſe ſe-
chent, ſe vuident, & ne ſont plus propres à cette expérience.

Je rapporterai ingénument les reſultats
de ſoixante & deux expériences. Dans
trente & ſix je n'ai fait aucune attention
au ſang artériel, ou du moins ſon mouvement étoit trop prompt, pour que la ſaignée pût en augmenter la viteſſe ; dans les
vingt & ſix autres j'ai obſervé attentivement le changement, que cette opération
y a occaſionné.

Dans cinq ſaignées je n'ai pas pu voir,
qu'elles apportaſſent aucun changement au
mouvement du ſang dans l'artere correſpon-
dante, & dans les arteres voiſines ; il y
en eut une ſeule, dans laquelle, ſoit que
ce fut un effet de la ſaignée ou de quelque autre cauſe, le ſang des arteres ſe mut
un peu plus lentement après l'operation.

Dans les vingt & un autres cas, la ſaignée augmenta le mouvement dans les arteres, ſoit qu'il ne fut que ralenti, ou
qu'il fut totalement ſuſpendu. Le ſang recommença quelquefois par balancer, d'autres fois il reprit tout de ſuite ſon mouvement naturel. Après une heure de re-

pos

pos le fang arteriel & le fang veineux reprenoit un mouvement affez rapide , & ce
mouvement étoit augmenté par la faignée
dansl es arteres mêmes.

Huit de ces expériences ont été faites
fur des animaux, qui n'avoient que peu ou
point de fang dans les arteres voifines : &
dès que le fang commença à couler par l'ouverture de la veine , il en aborda une plus
grande quantité dans l'artere , & fa viteffe
augmentant comme fa quantité , il y coula
bientôt à plein canal, cela a eu lieu , après
même que j'ai arraché le cœur.

J'ai vû , que le fang, qui croupiffoit dans
un aneurifme formé après une arteriotomie , & dans l'artere voifine , fut remis en
mouvement par la faignée , & coula quoiqu'à petit fil , le long de l'aneurifme & du
tronc, il s'arrêta enfuite, & l'on voyoit même
quelques globules, qui avoient pris un mouvement retrograde le long de l'artere ;
une feconde faignée de la veine correfpon-
dante retablit de nouveau le mouvement
direct le long de l'artere, & du tronc qui
lui donnoit naiffance. Quand on ouvre une
veine après la mort, ou après avoir arraché le cœur , elle ne laiffe pas de faire
renaitre quelque mouvement dans l'artere.

L'on voit par ce que je viens de dire,
que les cas, dans lefquels la faignée a augmenté le mouvement artériel, font beaucoup plus nombreux, que ceux dans lefquels

quels elle ne l'a pas fait ; & l'on ne doit
faire aucune attention à l'objection, que
je vais prévenir. Ces augmentations de
mouvement n'avoient pas, pourroit on dire, leur raifon fuffifante dans la faignée.
Mais elles ont fuivi trop conftamment la
faignée, pour qu'on puiffe les attribuer à
quelque autre caufe accidentelle. Pourquoi en effet cette renaiffance auroit - elle
attendu pour paroitre, précifément le moment de la faignée ? L'on peut donc conclure, par rapport à la feconde queftion
fans crainte de fe tromper, qu'après une
faignée le mouvement du fang eft accéleré dans les arteres correfpondantes & voifines de la veine, qu'on a ouverte ; &
mes expériences confirment la doctrine de
BELLINI fur la dérivation, en ce qu'elles prouvent, quand on ouvre une veine,
que le fang fe jette plus abondamment
fur les arteres de la partie, dont la veine
a été ouverte. L'objection tirée des valvules, qu'on pouvoit oppofer aux premieres expériences fur les veines, n'a point
de force contre les dernieres.

Ce qui établit auffi folidement la revulfion artérielle, c'eft que le fang s'amaffant
dans l'endroit de la veine ouverte, & la
quantité de la maffe totale de fang n'augmentant pas pendant ce tems là, il faut
que les arteres, voifines de celles qui fe
font déchargées par l'ouverture, vuident
leur

leur fang dans ces dernieres, comme dans
un endroit, où elles trouvent moins de
refiftance; & cette diminution de refiftance ayant lieu de proche en proche, l'effet doit s'étendre jufqu'à des arteres affez
éloignées.　Il ne s'enfuit pas cependant,
qu'elle s'étende jufqu'à celles qui le font
le plus, parce que les petits anaftomofes,
qui fe trouvent entre deux ne fuffifent pas,
pour un mouvement fort prompt du fang
d'une artere à une autre fort éloignée;
ainfi l'on ne fauroit penfer, que le fang
du cerveau puiffe fe jetter fur l'artere crurale, au travers des petites anaftomofes de
la moelle épiniere ou des vaiffeaux du baffin (o).

Si l'on ajoute à cela, qu'un homme s'af-
foiblit en perdant fon fang, & que la force du cœur étant moindre, par là même
la refiftance, que font les arteres dans
les parties oppofées à celle de la faignée,
fe trouve proportionellement plus grande
que dans un homme fain; c'eft une nouvelle raifon, qui détermine une plus grande quantité de fang du coté de la veine
ouverte, plutôt que du coté du cerveau
ou des autres parties, dans lefquelles rien
n'a

(o) L'on verra dans les *fafcicul. iconum* IV.
planch. 4 & 7. que les arteres coccigées & fa-
crées font unies avec les arteres de la moëlle
epiniere par de frequentes anaftomofes.

n'a diminué la refiftance des vaiffeaux. Nous voyons donc, que la dérivation & la revulfion font prouvées par ces expériences. Car il y a une véritable revulfion de la tête, toutes les fois qu'il s'y porte moins de fang du cœur, & que les vaiffeaux du cerveau font par confequent moins gonflés.

J'avoue, que tout cela n'eft vrai, que dans le tems que le fang s'écoule; mais quand la playe eft fermée, tout, comme je le dirai tout à l'heure (*p*), il rentre dans la premiere uniformité (*q*), feulement le mouvement du fang perd prefque toujours un peu de fa force & de fa viteffe, ce qui eft l'autre grand but, & même le but le plus ordinaire des Medecins, qui ordonnent la faignée dans les fievres. Car l'effentiel c'eft d'abattre les forces exceffives du cœur, qui durciffent le coagulum, qui rempliffent les vaiffeaux déja trop dilatés, qui occafionnent de dangereufes exfudations des vaiffeaux obftrués dans la tunique celluleufe, & augmentent par une plus grande chaleur la difpofition naturelle du fang à une putridité volatile. Il me refte

à

(*p*) Voyez de HEIDE p. 8.
(*q*) BELLINI établit propof. 11. que la viteffe eft plus grande après la faignée qu'auparavant, mais cela n'eft pas conforme aux expériences.

à considerer les autres phénomenes, qui arrivent, quand on ouvre une veine.

Je fis deux incisions à la même veine, la supérieure, c'est à dire, celle qui étoit la plus voisine du cœur, retarda la sortie du sang par l'inférieure, mais elle ne la supprima point. Vous voyez par là, ce qu'on peut attendre de la saignée, pour arrêter une hémorrhagie. Elle agit principalement en affoiblissant l'action du cœur, foiblesse qu'on tâche d'entretenir, jusqu'à ce que le sang se soit arrêté naturellement, ou qu'on puisse l'arrêter par les remedes.

Le jet de sang qui jaillissoit de la veine se ralentit peu à peu, & les globules qui s'écartoient avec force sous differentes directions, s'attachant ensemble, s'amassent autour de la playe, jusqu'à ce qu'elle soit entourée d'une large tache, dont la couleur est toujours moins rouge dans les endroits éloignés de l'ouverture de la veine, & plus rouge dans ceux qui y touchent de près. L'on trouve dans la playe même le caillot, dont j'ai parlé dans le chapitre second, qui est formé par la réunion des globules rouges, & que j'ai vû dans la veine, après l'avoir ouverte par le coté du mésentere le plus voisin de la loupe, & qui coupe le milieu d'un tubercule blanc & membraneux, attaché à la veine.

Après que l'ouverture de la veine s'est refermée, le mouvement du sang rentre dans
son

ſon état précedent : quelquefois même il ſuit une direction, qui l'éloigne du cœur. Quand on enleve le caillot en l'eſſuyant, la playe ſe r'ouvre & l'hemorrhagie revient (*r*).

Quelquefois le courant ſe retablit dans la veine à plein canal ; d'autres fois ce retabliſſement commence par deux ou trois petits torrens diſtincts portés à travers le nuage blanc.

Si l'on partage par l'inciſion juſqu'à la moitié de la veine, cette ouverture reſte béante, & cependant, ce qui eſt bien ſurprenant, la circulation ſe continue au deſſus de cette ouverture par la petite portion de canal, qui eſt conſervée.

Si la veine eſt totalement dechirée, quelquefois il n'en coule point de ſang, mais il arrive de deux choſes l'une, ou la veine ſe ferme à l'extrèmité en maniere de tuberoſité arrondie pleine de ſang épaiſſi, ou elle forme une eſpece de cone fermé par la pointe, dans lequel le ſang ſe fige ; j'ai vû alors ce ſang coagulé repouſſer celui qui venoit du cœur, & qui alloit à l'extrè-

H

mité

___

(r) Voyez de H ʀ ɪ ᴅ ʀ p. 3. On voit par là combien un parfait repos eſt néceſſaire dans les playes des vaiſſeaux, & combien il y a de prudence à ne pas les nettoyer trop rudement, de crainte de déplacer le favorable caillot, qui ferme l'ouverture de l'artere.

mité de la veine, & faire une oscillation,
avec ce sang là. Mais quelquefois, quand
c'est une veine considerable, qui a été
ouverte, elle donne abondamment de sang,
quoiqu'elle soit entierement coupée.

Quand on la coupe en entier, quelquefois elle donne du sang du coté du cœur;
d'autres fois elle n'en donne point; surtout si l'animal est un peu foible, elle forme alors à ses extrêmités un sac plein de
sang, qui se met à balancer avec celui qui
retrograde du cœur.

L'ouverture de l'artere produit à peu
près les mêmes phénomenes, que celle de
la veine, à cela près, que le mouvement
du sang artériel étant beaucoup plus rapide, que celui du sang veineux, il sort
aussi de la playe avec une vitesse beaucoup
plus considerable, elle est étonnante, &
plus grande que celle qu'il avoit avant l'ouverture.

L'ouverture de l'artere accélere également le mouvement du sang, & dans l'artere même qu'on a ouverte, & dans les
autres voisines ou correspondantes, & cette accélération s'étend à une assez grande
distance. L'on voit sortir par l'ouverture, non seulement le sang qui vient du
coté du cœur, mais encore une colonne,
qui par un mouvement retrograde (s) revient

(s) Voyez de HEIDE p. 3. 6.

vient du coté des inteftins, & qui s'ouvre un paffage, malgré la refiftance, que lui oppofe la colonne qui vient du cœur.

Quand on coupe le cœur ou l'aorte, ordinairement le fang de l'artere méfenterique retrograde, cette artere fe vuide & il en refulte un parfait repos. J'ai vû, cependant en ouvrant cette artere méfenterique, que le petit nombre de globules rouges, qui étoient repandus dans toute fon étendue, & qui n'en rempliffoient qu'une petite partie, ne laiffoient pas que de couler.

Quand le fang s'eft arrêté fous la playe, (car cela arrive, furtout fi l'animal eft foible), & qu'on fait à l'artere une feconde incifion, plus haut que la premiere, elle reveille le mouvement du fang, & le retablit, & entre les deux incifions, & même au deffous de la premiere (*t*).

Après que le torrent de fang s'eft jetté par la playe de l'artere, le mouvement du fang fe ralentit peu à peu & fe derange, & l'on voit, ou des globules couler un à un avec lenteur, ou une nouvelle onde, qui arrive toute entiere du coté du cœur. Mais la colonne, qui vient du coté des inteftins, eft la premiere à s'affoi-
H 2 blir,

(*t*) De Heide a vû quelque chofe de femblable p. 7.

blir , & après quelques balancemens, la force de la colonne du cœur prévalant repouſſe enfin l'autre , & l'obligeant à reprendre ſa route au deſſous de la playe, elle remet le mouvement du ſang dans l'état naturel.

La playe d'une artere ſe ferme de la même façon, que celle d'une veine ; il ſe forme autour de l'inciſion une eſpece de petite tache comme un nuage, qui d'abord eſt toute rouge , elle change enſuite & palit dans les bords. Au milieu on trouve le caillot formé par la réünion de quelques globules ; le mouvement du ſang ſe ralentit peu à peu dans l'artere même , juſqu'à ce que ce fluide ayant paſſé au delà du caillot , reprenne ſa premiere route.

Il eſt bien ſûr , que c'eſt une liqueur coagulée, qui ferme la playe de l'artere. J'ai vû des globules rouges ſe frayer à travers ce brouillard deux ou trois routes , pour ſe jetter par la playe entre les lames du méſentere. Et l'hémorrhagie reparoit également, quand on ratiſſe l'artere, & qu'on en ôte le gluten, qui en ferme la playe. Quand l'ouverture eſt grande , elle conſerve ſon diametre ſans diminution , & n'eſt retrecie par aucune contraction.

Après que la playe eſt guerie , le mouvement du ſang ſe retablit dans ſon état

naturel (*u*), ou plûtôt dans un degré un peu plus foible. Souvent tout le fang des arteres fort par l'incifion qu'on y fait, & ces vaiffeaux reftent entieremeut vuides. (*x*).

Il n'eft pas rare, qu'une artere ouverte refte plus dilatée dans l'endroit de la cicatrice, & qu'il s'y forme un aneurifme. Je coupai un aneurifme de cette efpece, il n'en coula rien, & je trouvai une membrane, qui l'environnoit circulairement, avec une petite fente, bouchée par un petit caillot. Je vis ce fac borgne fe remplir peu à peu de fang, qui lui venoit de la colonne du cœur comme la plus forte; quand il fut rempli, le fang paffa outre, & fe jetta dans un rameau voifin.

Il y a encore une autre façon, dont les playes des arteres fe ferment, c'eft par la contraction de leur membrane, non qu'elle foit mufculeufe, car il n'y en a point de pareille dans les arteres des grenouilles, mais par une attraction naturelle, qui rapproche les fibres vers l'axe, qui les ramene du contact du refte de la membrane, & qui a lieu même dans les arteres du cadavre.

Une artere déchirée, & non pas cou-

H 3

pée,

(*u*) Voyez de Heide p. 8.
(*x*) De Heide p. 3. 6.

pée, fe contracte & forme une tubérofité
ronde, de laquelle j'ai vû quelquefois,
qu'il ne fortoit pas une goutte de fang,
quoiqu'elle fut très remplie de celui, qui
y étoit venu du rameau voifin ; d'autres
fois elle donnoit du fang. Cela me porte
à croire, que les arteres ombilicales d'un
fetus robufte donneroient du fang, fi on les
coupoit fans les lier, & que celles d'un fetus foible n'en donneroient point. Ainfi
les expériences de feu M. SCHULZE,
qui foutenoit, qu'on pouvoit fans rifque négliger la ligature du cordon, & celles de
fes adverfaires, qui ont vû de facheufes
fuites de cette négligence, peuvent être
également vrayes. J'ai vû fur le fetus
d'un chat de quatre femaines, que j'avois
tiré moi même par l'opération cefarienne
du ventre de fa mere, que les arteres ombilicales battoient toutes les fois, que le
cœur de ce petit animal fe contractoit (*y*).

Quand on ouvre l'artere & la veine en
même tems, le fang coule également de
l'une & de l'autre, mais il ne fe fait point
de changement dans fa viteffe. Pendant
que le fang de l'artere méfenterique d'u-
ne brebis jailliffoit à fix pieds, j'ouvris
une

(*y*) M. SMELLIE, excellent acoucheur, a
vu des enfans, dont le cordon étoit mal lié, perdre une quantité de fang très confiderable, *dans
fes cafes & obfervations.*

une autre artere, & alors les jets de l'u-
ne & de l'autre ne s'éleverent pas à plus
d'un pied.

Au reste j'ai souvent remarqué, quand
on ouvre les gros vaisseaux des chiens
ou des brebis, qu'il n'y a que les premiers jets, qui s'élevent à une certaine
hauteur; qu'elle diminue considerablement
dans les jets qui suivent le premier, &
que c'est uniquement sur la hauteur du premier jet, qu'on a fondé les calculs, par
lesquels on pretend mesurer les forces du
cœur.

CHAPITRE SIXIEME.

Des causes du Mouvement du Cœur.

IL me reste la partie la plus difficile de
l'ouvrage à faire, c'est d'établir les
causes, qui operent tous ces differens mouvemens, que j'ai décrits jusqu'à présent.
Le cœur est la premiere d'un aveu général; on lui joint ordinairement la contraction des arteres, la compression des mufcles, l'action des nerfs, & quelques auteurs y joignent encore la suction des vaif-
seaux capillaires. Outre les effets de ces
differentes forces, j'examinerai ceux de la
pesanteur, du froid & du chaud, de l'air

H 4

inté-

intérieur, & enfin ceux de cette force inconnue, à laquelle je conferverai le nom d'attraction, jufqu'à ce que de nouvelles expériences nous ayent mieux dévelopé fa nature. Car toutes ces caufes agiffent indépendamment du cœur, & produifent des mouvemens confiderables dans le fang.

Le mouvement du cœur eft fans aucun doute le principal agent du mouvement du fang, dans les animaux à fang froid. Ce fluide conferve à la vérité fon mouvement pendant 40 minutes, après qu'on a enlevé le cœur, & même plus long tems par le pouvoir de la caufe, que je viens de nommer. Mais l'ordre & la conftance de ces mouvemens, même dans les animaux de ce genre, ceffent au moment de la deftruction du cœur, dont le repos entraine celui de toutes les autres parties du corps animal, & dont le mouvement retablit tous les autres. Toutes les humeurs reviennent au cœur, toutes les humeurs en reffortent. Dans les animaux à fang chaud le mouvement du fang fubfifte a peine une minute, après qu'on a detruit le cœur. Un mouvement auffi important mérite d'être examiné avec beaucoup de foin, & de l'être dans les differens états du mouvement du fang. Je ne confulterai dans cet examen, que les expériences (*a*), & je ne

rap-

_____

(*a*) Ces experiences fe trouvent rangées fuivant

rapporterai point les sentimens des differens auteurs, qui ont traité cette matiere, ce qui m'entraineroit dans une longueur
excessive.

L'on peut établir, que le mouvement
du cœur commence à l'une & à l'autre
veine cave. Quand on vient à lier ou à
couper ces veines, le mouvement de l'oreillette droite, & celui du ventricule du même coté, se ralentit d'abord, & cesse bientôt tout à fait. Dans l'ordre naturel, ces
veines sont le premier agent du mouvement du cœur.

Il y a une partie considerable de la veine cave, qui possede une force de contraction assez semblable à la force musculaire. Dans les grenouilles, & dans les animaux à sang froid, la partie de la veine cave qui sort du foye (b) bat avec
ses branches depuis cette sortie jusqu'au
cœur. La veine cave supérieure, qui s'é-
tend au delà des poumons jusqu'à la tête
& aux parties voisines, & meme l'une &
l'autre veine brachiale, ont un mouvement
de contraction très sensible, à l'aide duquel elles chassent le sang dans l'oreillet-

H 5

te.

vant leurs dates dans la section XVII du second
Memoire sur l'irritabilité.

(b) Elle donne deux rameaux à ce viscere,
& le troisieme descend le long du bas ventre.

te. La contraction de la veine cave a même quelquesfois lieu sous le foye, surtout
quand l'aorte est liée. Dans l'ordre ordinaire, le mouvement de la veine cave, précede toujours la contraction de l'oreillette.

Dans le chien & dans les animaux semblables à l'homme, la veine cave, & surtout son tronc supérieur, a une force de
contraction, qu'on trouve aussi, mais
moins sensible, dans la veine cave inté-
rieure, jusqu'au diaphragme & jusqu'au
foie, car je ne parle pas ici du mouvement, qui dépend de la respiration. J'ai
vû sur un chien ce mouvement de la veine cave durer cinq heures entieres après
la mort. Il est donc certain, que le mouvement du cœur commence par la contraction de la veine cave, qui chasse le
sang dans l'oreillette droite par de véritables pulsations. D'anciennes expériences
me l'avoient fait soupçonner, je m'en suis
convaincu en les réiterant. Comme l'o-
reillette droite est plus grande que les veines caves, elle ne fait point de resistance au sang, qu'elle en reçoit; elle se gonfle peu à peu, & quand la distension est
parvenue à un certain point, l'irritation
qu'elle occasionne fait naitre le mouvement de l'oreillette.

J'ai vû souvent le mouvement de l'o-
reillette, commencer par le cul de sac, qui
ap-

appuye fur l'aorte, & defcendre vers la partie inférieure ; j'ai vû auffi la partie, qui eft à droite dans l'homme, s'approcher de celle qui eft à gauche, & reciproquement la partie gauche fe ramener vers la droite, & la convexité qui eft entre l'extrèmité droite & l'extremité gauche de l'oreillette, s'abbaiffer à chaque pulfation. Sa conftriction eft compofée de tous les mouvemens, que je viens de nommer.

Dans le cadavre, en ferrant l'oreillette, on fait repaffer le fang en partie dans le ventricule, & en partie dans l'une & l'autre veine cave, n'y ayant point de valvules entre ces veines & entre l'oreillette droite, & les valvules, qui font placées à l'éntrée de la veine jugulaire, étant apparemment trop foibles, pour refifter à l'effort du fang.

Sans doute, que dans l'ordre ordinaire de la circulation, l'une & l'autre veine cave refifte au fang de l'oreillette, par la preffion de celui qu'elles contiennent elles mêmes, & l'obligent à fe vuider dans le ventricule droit. Car la veine jugulaire ne paroit pas avoir de pulfation dans un homme bien portant, ou dans un animal tranquille. Mais dans un homme, qui fait un effort, ou dont le fang, par quelque caufe que ce foit, a de la peine à paffer dans le poumon, il paroit au gonflement du col ou du vifage, qu'il repaffe

fe du fang de l'oreillette dans les jugulaires, & apparemment dans les veines caves. Il y a apparence, que c'eſt là la caufe ordinaire de la groſſeur du col, que
l'accouchement laiſſe à bien des femmes,
& qui n'eſt que trop fréquente dans ma
patrie. Un ancien préjugé des Romains
paroit fondé ſur cette obſervation, il eſt
vrai qu'ils étendoient trop loin la ſignifi-
cation d'un col devenu trop large. J'ai
vû très diſtinctement le ſang repaſſer dans
les mammaires, dans les ſouclavieres, &
dans d'autres veines, & je le vois encore actuellement ſur un chat, qui eſt un
animal des plus vigoureux.

L'on ſait, quand un animal ſe meurt,
que l'oreillette ſe contracte, & palpite beaucoup plus ſouvent que le ventricule ; &
qu'elle fait quelquefois trois, quatre &
juſqu'à ſix contractions, pendant que le
cœur n'a qu'une ſiſtole. Peut-être alors l'o-
reillette ne peut elle plus chaſſer aſſez de ſang
dans le cœur, pour en exciter le mouvement par la loi du ſtimulus, qu'après pluſieurs contractions ; & peut-être, que le
ſang épaiſſi dans ces derniers momens ne
paſſe plus au ventricule, comme cela arrive ſouvent dans les chiens, qui ont le
ſang très viſqueux. J'ai vû l'oreillette droite ſi remplie de ce ſang, qu'elle en perdoit entierement ſon irritabilité, & ſa force de contraction, comme il arrive à la veſſie

sie trop pleine d'urine ; & le même phénomene avoit lieu, soit que cette coagulation se fut formée naturellemeut, soit que je l'eusse occasionnée par l'injection d'une liqueur acide. J'ai vû aussi l'appendice supérieure travailler fortement pour descendre, sans pouvoir vuider son sang, pendant que la partie inférieure de l'oreillette étoit en repos.

Au reste la force contractive de cette oreillette se soutient ordinairement très long tems, parce qu'après la cessation de mouvement du ventricule gauche, le froid, la pesanteur & d'autres causes continuent à déterminer le sang vers cette oreillette, dans laquelle on en trouve ordinairement beaucoup après la mort, & elle est le siege le plus ordinaire des polipes.

J'ai vû son dernier mouvement se faire dans la partie inférieure à l'insertion de la veine cave abdominale. D'autres fois c'est l'appendice qui se meut la derniere.

Le ventricule droit étant rempli de sang s'étend, se redresse, s'élargit & étant stimulé par ce sang même se contracte ; voici la façon dont cela se fait.

Son mouvement descend de la base vers la cloison des ventricules, en même tems les parois se rapprochent, & la cavité diminue. En ouvrant dans ce tems là le ventricule, j'ai vû évidemment que les tendons des valvules se relachoient ; la mê-

me

me chofe eft arrivée en ouvrant le ventricule gauche. Dans ce tems même le cœur repouffe le doigt, quand on l'approche extérieurement, & le ferre, quand on l'introduit dans fa cavité ; dans le chat ces mouvemens fe font avec affez peu de force.

Quand l'animal commence à languir, le ventricule droit fe contracte rarement & imparfaitement, & fes mouvemens dégenerent en des tremblemens particuliers de petites portions de chair, qui ont un mouvement ifolé de palpitation, au milieu d'autres chairs qui font en repos. Le dernier mouvement fe fait à la pointe.

Du ventricule droit tout le fang paffe naturellement dans l'artere pulmonaire avec plus de force, qu'on ne le croit ordinairement, car j'ai vû dans un chien le fang de cette artere fauter prefqu'à la meme hauteur, que celui de l'aorte. Dans un animal mourant les valvules veineufes fe ferment mal, & une grande partie du fang du ventricule droit repaffe dans fon oreillette. J'ai vû auffi fur un chat vivant, que le fang rebrouffoit dans l'oreillette, dès que l'on ferroit le cœur. Dans les grenouilles on voit très diftinctement pendant des heures entieres, le fang & l'air paffer de l'oreillette dans le ventricule, & du ventricule dans l'oreillette, ce qui prouve que les valvules ne ferment pas fort exactement.

ment. Il n'eſt pas douteux non plus, que dans l'animal vivant, toute la partie du ſang du ventricule, compriſe entre la valvule veineuſe & l'oreillette, ne rentre dans l'oreillette à chaque contraction du cœur, comme R O U H A U L T l'a très bien remarqué (c).

Le mouvement de ce ventricule ſubſiſte plus long tems, que celui du ventricule gauche, mais moins que celui de l'oreillette droite, qui eſt preſque toujours la derniere partie, dans laquelle le ſang s'amaſſe.

Nous ne ſuivrons pas le ſang de l'artere pulmonaire dans ſa route au travers des poumons; il nous ſuffit d'établir, qu'à ſon retour il eſt reçu dans le ſinus gauche, & dans la petite appendice de ce ſinus qu'on apelle l'oreillette. Cette oreillette en ſe contractant deſcend vers ſa baſe, & s'accourcit pour ſe vuider; j'ai vû une ſeule fois l'oreillette & le ſinus gauche ſe retrecir ſans s'accourcir, de façon, que la parois poſtérieure touchoit l'antérieure, ſans que la pointe de l'oreillette deſcendit.

Cette oreillette a quelque choſe de particulier, c'eſt qu'elle tremble, & qu'elle palpite, avec une viteſſe beaucoup plus

grande

(c) Oſſervazioni fiſiche anatomiche p. 86.

grande que l'oreillette droite, quoique ſes contractions entieres ne ſoient pas plus fré-quentes, que celles de cette derniere.

Le mouvement de cette oreillette ceſſe, & elle perd ſon irritabilité avant les ven-tricules, à moins que le ſang ne ſe trou-ve preſqu'entierement coagulé dans les par-ties droites du cœur, ou qu'on n'ait lié l'aorte. Car ayant coagulé le ſang par une injection de vinaigre, non ſeulement l'oreillette gauche continua ſes mouvemens même après la droite, mais de plus elle devint alors la ſeule partie, dans laquel-le on put rappeller les mouvemens éteints. Je vous lus, MESSIEURS, dès l'année 1751 des expériences ſur la ligature de l'aorte (d), & ſes effets ſur l'oreillette gauche.

Il eſt hors de doute, que dans l'animal vivant & bien portant, l'oreillette gauche ſe vuide dans le ventricule du même co-té ; mais une partie de ſon ſang repaſſe-t'il dans la veine pulmonaire ? C'eſt ce que je ne déciderai point, l'analogie le perſua-deroit, d'après ce qu'on obſerve à l'égard de l'oreillette droite & de la veine cave dans les animaux à l'agonie, & la ſitua-tion

_____

(d) Comment. Tom. I. p. 273. & ſuiv. C'eſt le petit Memoire reimprimé à la ſuite de ce-lui ci.

tion du finus fait, qu'il eft très difficile de l'obferver exactement.

Le ventricule gauche mérite plus particulierement le nom de cœur, puifque la parois mitoyenne, & la plus grande partie de la pointe du cœur lui appartiennent en propre, & ne font qu'un feul corps avec lui; il fe meut auffi tout autrement que le ventricule droit. Car fes chairs remontent toutes entieres de la pointe : le principe du mouvement étant là, il en part pour gagner la partie fupérieure, & vers le feptum ; & tout le cœur, comme je l'ai vû fur un chat, monte vers fa bafe & vers l'aorte. En mème tems les parois charnues fe rapprochent, & retreciffent la cavité de ce ventricule. Pendant ce mouvement toutes les chairs du cœur fe rident par des plis tranfverfaux, on en voit de mème fur le ventricule droit; dans le mème tems l'artere pulmonaire & l'aorte font tirées en bas. La force totale de ce ventricule eft un peu plus grande que celle du ventricule droit.

La principale & prefque la feule caufe, pour laquelle la pointe du cœur eft pouffée en avant, c'eft la fituation du finus gauche. Quand on enfle ce finus, après avoir ouvert la poitrine, on voit la pointe du cœur s'approcher avec vivacité de la mammelle. Dans les grenouilles l'oreillette eft placée derriere le cœur, & elle

I

fe trouve en diaſtole, quand le cœur eſt en fiſtole. Son mouvement contribue également à porter la pointe du cœur en avant: Mais que l'aorte ſoit pleine ou vuide, il ne paroit pas, que cela change rien à la ſituation du cœur dans cet animal.

La pointe du cœur conſerve ſon irritabilité pendant très long tems, & ſe meut plus long tems, que toutes les autres parties de ce ventricule. J'ai vû le ſeptum trembler & palpiter, après que toutes les parties du cœur, & les oreillettes mêmes étoient dans un repos parfait. Au reſte j'ai vû quelquefois dans les chats, la ceſſation du mouvement commencer par l'oreillette gauche, gagner le ventricule du même coté, & paſſer dans le ventricule droit, dans le tems que l'oreillette droite étoit la derniere à ſe mouvoir.

C'eſt ici le lieu d'examiner, ſi la pointe du cœur s'eloigne, ou ſi elle s'approche de la baſe dans la fiſtole. Je ne citerai point tous les auteurs, qui ont parlé de cette queſtion, il me ſuffit de pouvoir aſſurer, que dans un très grand nombre d'expériences, faites ſur des chiens, des chats, des chevreaux, des brebis, des lapins, des ſouris, des hériſſons (*e*),

des

____

(*c*) L'on me permettra de dire ici, puiſque j'ai occaſion de parler de cet animal, que je lui ai conſtamment trouvé un péricarde & le ſang chaud, quoiqu'on ait écrit le contraire.

des cochons & des grenouilles, j'ai conftamment vû, pendant la contraction du ventricule gauche, que la pointe s'éleve, & que s'approchant de la bafe fous une certaine courbure, elle va fraper la poitrine. Au contraire dans la diaftole, pendant que le ventricule fe remplit, le cœur s'alonge, & s'étend d'une façon bien fenfible. J'ai vû dans une grenouille, qui eft un bien petit animal, cette pointe fe raprocher du fternum d'une ligne entiere dans la fiftole, & le cœur par confequent fe courber à proportion ; & dans le même animal j'ai vû cet accourciffement pendant la fiftole avoir lieu d'une façon fenfible, quoique les arteres fuffent liées, & qu'il ne put par confequent point fortir de fang du cœur.

L'anguille, dont le cœur fingulierement conformé, plus large par en bas, fe termine en pointe du coté de l'aorte, eft le feul animal, dont on puiffe dire, que le cœur s'allonge pendant fa contraction, car il étend fa pointe du coté de l'aorte, & s'étend auffi en bas contre le foye, dans le même tems, qu'il chaffe fon fang dans l'aorte. M. QUEYE (*f*) a obfervé le même allongement dans la tortue, & je ne fai pas, fi la configuration de fon

I 2 cœur

____

(*f*) Differtat. de Syncope.

cœur est la même, que celle de l'anguille.

Ce mouvement de constriction comprime le sang du ventricule gauche, & si
l'on y met le doigt, on le sent pressé,
comme je l'ai déja dit du ventricule droit.
Si l'on coupe la pointe du cœur, dans cet
état même le sang est chassé du ventricule. Ce sang est poussé naturellement
dans l'aorte, & la gonfle, surtout, quand
on l'a liée précedemment. Car le cœur
irrité par cette ligature travaille extraor-
dinairement à se délivrer du sang qu'il
contient, & le nombre & la force des pulsations augmentent même dans l'anguille,
qui est un animal froid & engourdi (*g*).

Quand le cœur est absolument vuide,
il est dans un parfait repos, & ses plis
s'effaçant, sa surface devient unie ; & dans
cet état, qu'on appelle relachement dans
tous les muscles, il est mou, étendu, droit
& tranquille. Il reste dans cet état de mollesse, sans rentrer en sistole, non seulement pendant des minutes, mais quand
l'animal est languissant, pendant des demi
heures entieres. Cette seule durée de l'é-
tat de repos suffit pour prouver, que la
diastole n'est point l'effet de l'action musculaire, mais du relachement & de l'inertie.

(*g*) Voyez la Dissertation de M. Remus p. 22.

tie. Une contraction musculaire n'a jamais duré des demi heures entieres.

La ligature de l'aorte n'empêche pas dans le cœur d'une grenouille les mêmes simptomes, qui accompagnent l'état de repos, le cœur s'étend, s'unit & s'allonge, il se remet dans un état de diastole, quoiqu'il reste plein de sang.

Au reste le cœur ne rougit pas dans le tems de la diastole, & ne palit pas pendant la sistole ; & des expériences réiterées m'ont convaincu, que tout ce que H A R- V E Y a écrit sur son changement de couleur, n'a lieu, que dans les animaux à sang froid, sur lesquels on peut suivre à l'œil une colonne de sang, qui paroit successivement dans la veine cave, dans l'oreillette, dans le cœur & dans l'aorte : toutes ces parties rougissent, pendant que cette colonne rouge les traverse, & rede- viennent blanches, dès qu'elle a passé. Mais la chair même du cœur & des mus- cles n'eprouvent aucun changement dans leur couleur, soit que le cœur soit en repos, soit qu'il se contracte.

Le sang poussé dans l'aorte se distribue de là dans le reste du corps animal : mais si on lie l'aorte, je l'ai vû revenir dans le cœur, ce qui prouve, que, dans l'animal vivant, l'effet des valvules n'est pas aussi grand qu'on l'imagine.

Ainsi donc la veine cave, les deux oreil-

let-

lettes, & enfuite les deux ventricules fe contraĉtent fucceffivement, dans l'ordre fuivant lequel je viens de les nommer, & fe relachent dans le même ordre, de façon que la dilatation ou la contraĉtion de la veine cave, & des deux ventricules tombe toujours fur le même inftant. C'eft un fpeĉtacle amufant, que d'obferver la gradat on, fuivant laquelle ces parties fe rempliffent dans un animal à fang froid. D'abord la partie droite de l'oreillette, qui eft fituée derriere le cœur, fe gonfle de fang, enfuite la partie gauche de cette oreillette, puis le ventricule, & enfin l'artere, qui fort du cœur en paffant obliquement devant l'oreillette. J'ai obfervé ce fpeĉtacle pendant neuf heures entieres.

L'expérience dément tout ce qu'on a écrit fur l'alternative entre la contraĉtion des deux oreillettes ou des deux ventricules. Les auteurs de cette hipothefe ont voulu, que le ventricule droit fe contracte avant le gauche, & N I C H O L S (*h*) & L A N C I S I (*i*) fe font également trompés ; le premier a fait cette difference d'une pulfation entiere, & l'autre d'une partie de pulfation ; mais quand on ouvre l'un

&

(*h*) Compend. œconom. p. 27.
(*i*) De corde & aneurifmat. propof. 59, 60, 61.

& l'autre ventricule, le sang fait bien en même tems deux jets par les bouts des deux ventricules.

L'on fait affez, que le cœur eft fort irritable, mais rien ne dévelope mieux cette vérité, & ne reveille auffi furement fes mouvemens que l'air ; & fes battemens durent plus long tems, quand ils viennent du foufle pouffé dans le cœur, que lorfqu'ils dépendent du fang, que contient le cœur. Il reprend auffi de lui même fes mouvemens dans un animal moribond; après un parfait repos de fa part, & quelques contractions de la part de l'oreillette droite; il paroit revivre, de façon cependant, que les intervalles entre ces differentes refurrections deviennent toujours plus longs.

Tout le cœur a un mouvement commun dans l'animal vivant, & pendant que les cotes montent dans l'infpiration, le cœur s'abaiffe avec le diaphragme, & remonte enfuite pendant l'exfpiration. De même, quand on a ouvert la poitrine, il s'y enfonce pendant l'infpiration, & il en reffort pendant l'exfpiration. Les veines caves font auffi attirées par le diaphragme, & defcendent pendant l'infpiration. Ceux qui croyent immobile la partie du diaphragme, qui foutient le cœur, paroiffent n'avoir jamais ouvert d'animaux vivans.

I 4

La

La force contractive des arteres eſt or-dinairement regardée, comme la ſeconde cauſe du mouvement du ſang. Pluſieurs auteurs croyent cette force égale à celle du cœur, & d'autres la croyent plus conſi-derable (*k*) ; pluſieurs penſent, que la for-ce du cœur ſuffit pour chaſſer le ſang juſques dans les petites arteres, & que la force des arteres eſt cauſe de ſon retour par les veines (*l*). C'eſt encore cette rai-ſon, par laquellé on explique ordinaire-ment, pourquoi les veines ne battent pas. On croit, que le ſang veineux étant al-ternativement preſſé par la force du cœur, & par celle des arteres, conſerve ſans in-termiſſion un mouvement uniforme (*m*). L'on trouve effectivement dans les ani-maux à ſang chaud, & dans l'homme, que les arteres, meme les plus petites branches du cerveau, ont des fibres rou-ges ſuſceptibles de contraction, & capa-bles de cauſer une conſtriction. On a des expériences, qui prouvent cette force.
Quand

(*k*) M. SENAC. Cet illuſtre Medecin a cru, que non ſeulement la force des arteres conſerve la force du cœur qui les dilate, mais encore, qu'elle la multiplie. Traité du cœur t. 2. pag. 166. Voyez pag. 199. 200. 224. 225. &c.

(*l*) PECHLIN de corde n°. 21. THOM-SON diſſertat. 1. MORISSON du choix des ſaignées, p. 60.

(*m*) M. de SAUVAGES pulſus theor. p. 26.

Quand on lie une artere, la partie au deſſous de la ligature chaſſe également dans les veines le ſang qu'elle contient (*n*) ſi l'on fait deux ligatures à l'artere, le ſang compris entre deux paſſe également dans les rameaux voiſins (*o*). Quand l'aorte eſt oſſifiée, la veine cave ſe remplit d'un ſang coagulé & immobile (*p*). L'on a encore d'autres expériences ſemblables.

Quoique je ne penſe point à refuter tous ces faits, je crois devoir rapporter, ce que l'anatomie & les expériences m'ont appris ſur cette matiere. En premier lieu les arteres des grenouilles m'ont conſtamment paru dépourvues de toute contractilité, ſoit que j'aye fait attention à la parfaite égalité de leur diametre dans l'état d'inanition & de repletion ; ſoit que j'aye examiné l'impreſſion, que faiſoient ſur elles les poiſons, dont les plus acres n'ont jamais pu leur procurer la plus petite contraction (*q*) ; ſoit que j'aye enviſagé leur compoſition, qui a beaucoup de rapport avec le tiſſu cellulaire, & qui n'a aucune fibre

I 5

char-

(*n*) DRELINCOURT canicid. 1. PECQUET p. 46.

(*o*) SCHWENKE hæmatolog. p. 80.

(*p*) SANTORINI de nutritione.

(*q*) Voyez dans la diſſertation de M. REMUS p. 48. les expériences, que nous avons faites enſemble.

charnue ; ſoit enfin qu'on refléchiſſe à leur manque de pouls, puiſqu'il paroit conſequent, que les vaiſſeaux qui n'ont point de dilatation, n'ont point non plus de contraction. Et les arteres & les veines des grenouilles touchées avec de l'eſprit de nitre n'ont éprouvé aucun changement ; elles ne ſe contractent point non plus, quand même ce poiſon change le ſang dans ces vaiſſeaux, & lui donne une couleur de terre & une conſiſtence de bouë. L'on ne peut preſque rien conclure de l'inanition des vaiſſeaux. Dans les grenouilles les arteres ſont ſouvent entierement vuides, & après les ſaignées, au deſſous des ligatures, & dans d'autres circonſtances, on voit les globules de ſang abandonner peu à peu l'artere, juſqu'à ce qu'elle ſoit entierement vuidée & blanche. Ces vaiſſeaux ſe vuident même au point, qu'il n'y reſte pas un ſeul globule. Mais je me ſuis aſſuré par pluſieurs expériences, que les globules ſe meuvent dans les arteres dans ces cas mêmes ſans aucune contraction de la part de ces vaiſſeaux, & indépendamment de la force du cœur. Dans une artere preſque vuide, on voit une ſeule file de globules à l'extrèmité de l'artere s'avancer, balancer, aller en ſens contraire, enfin diſparoitre, ſans que les meilleurs microſcopes puiſſent faire voir le plus petit mouvement dans les vaiſſeaux,

ou

ou aucune diminution dans le diametre de l'artere, après que le fang l'a abandonnée.

Si l'on paffe aux arteres des animaux à fang chaud, qui ont un pouls manifefte, je conviendrai, qu'elles ont les forces néceffaires, pour fe retablir dans leur premier état, après qu'elles ont été dilatées : ces forces dépendent des fibres mufculaires circulaires.

Mais l'on fe convaincra aifément, même dans cette claffe d'animaux, que la force du cœur eft bien fupérieure à celle des arteres, fi l'on fait attention à ce qui fuit. Premierement à la force précoce du cœur : dans les premiers tems du fœtus, cet organe chaffe le fang à travers des arteres gelatineufes. On vit très long tems avec prefque toutes les arteres offifiées, puifqu'on trouve fouvent dans les cadavres une fuite de lames offeufes depuis la tète jufqu'au pied, entre la tunique mufculeufe & la tunique interne des arteres des gens. qui pendant leur vie avoient rempli toutes leurs fonctions, & ne s'étoient plaints d'aucune maladie, dépendante du derangement de la circulation (r). Car quoiqu'à la fin le fphace-

le

(r) Ce cas eft affez frequent dans les vieillards. HARVEY en rapporte deux exemples

de

le termine cet état, lorſque les arteres ne ſont plus ſuſceptibles d'aucune dilatation, cependant on aura vecu pluſieurs années, avant que le ſphacele ſoit ſurvenu, & ces vieillards, dont les arteres ſe ſont oſſifiées, ſe ſont promenés dans cet état, ont eu du pouls, ont conſervé leur chaleur naturelle, & ont fait toutes leurs fonctions pendant un tems conſiderable. Perſonne ne s'aviſera de croire, qu'une dégénération auſſi conſiderable ſoit l'ouvrage de peu de momens, & il eſt viſible, qu'il faut bien du tems, pour donner à un ſuc glutineux la dureté de l'os. Il faut comparer encore la forte irritabilité du cœur, que le ſoufle, ou toute autre irritation mécanique met en jeu, avec la parfaite inertie des arteres, qu'on irrite dans l'animal vivant avec le ſcalpel, l'éguille, les poiſons, ou de toute autre façon, ſans qu'elles ſe contractent le moins du monde (ſ). Enfin il faut faire attention à la façon, dont le mouvement du ſang recommen-

de circul. ſanguin p. 218. ſans parler d'aucune incommodité pendant la vie de ces hommes On peut voir le cas, que j'ai obſervé dans les tranſact. philoſoph. n°. 483. Opuſcul. patholog. obſ. 45. 52. & ceux que d'autres auteurs ont obſervés dans les tranſact. philoſoph. n°. 299.

(ſ) Commentar. Societ. Reg. Gœtt. t. 2. p. 131. 141. Memoire ſur les parties irritables & ſenſibles ſect. 11.

mence dans un homme, qui a été fub-
mergé fous les eaux, uniquement par l'irritation du cœur, & faire attention au
raifonnement, que je vais tirer de l'analogie. Si le cœur peut feul faire circuler
le fang dans les vaiffeaux immobiles des
animaux à fang froid, dans les animaux
à fang chaud qui proportionellement ont
le cœur beaucoup plus grand que les autres (t), il pourra encore plus aifément
operer la circulation fans un fecours é-
tranger.

Je ne parle point ici de la contraction
mécanique des arteres deffechées, & de
l'effet qui en refulte. Les membranes en
fe deffechant expriment le fang, ou le
changent en fibres, & en membranes,
& l'artere fe remplit d'une moelle cellulaire. Mais ces changemens appartiennent
aux forces mortes, & continuent d'agir
pendant des années entieres, après la ceffation totale de l'action des fibres circulaires, comme on le prouve par l'exemple

des

(t) Rᴏʙɪɴsᴏɴ of food and difcharges; é-
tablit, qu'en prenant les termes moyens, le cœur
d'une vache, d'un oifeau, & d'un poiffon, eft
dans la proportion fuivante $\frac{1}{263}$ $\frac{1}{168}$ $\frac{1}{1360}$
c'eft à dire que proportions gardées relativement
à la maffe de l'animal, le cœur du quadrupede
le plus lent, eft plus de cinq fois plus grand
que celui des poiffons. confront. p. 107. avec p
120.

des arteres ombilicales, du conduit artériel & des aneurismes.

Je mets dans ce même rang la force,
qui fait qu'une artere coupée se retire
(*u*), & qui est encore plus forte & plus
sensible dans les tendons, ou dans les li-
gamens, quoiqu'ils ne soient ni creux ni
irritables.

L'on compte encore parmi les forces,
qui aident la circulation, *le mouvement
des muscles*, qui agit principalement sur les
veines; aussi je ne parle pas ici du mouvement, par lequel on assure, même dans
les écrits les plus modernes, que le sang
est chassé du muscle pendant sa contraction. Car ayant souvent examiné avec le
microscope les intestins, & le grand muscle de la jambe d'une grenouille, pendant
le tems de leur contraction, j'ai observé
sur ces deux parties, que le sang s'y montre & s'y meut dans les vaisseaux, & a-
vant la contraction, & dans le relachement qui la suit, & que les arteres restent également pleines dans l'un & l'autre état. Le tems de la contraction est
d'ailleurs si court, le foyer du microscope change si promptement, que je n'imagine aucun moyen d'observer une fibre
musculaire dans l'instant même de son action.

(*u*) M. de SAUVAGES theor. tumor. p. 8

tion. Auſſi l'argument, dont on ſe ſert pour appuyer cette hypotheſe (*x*), tiré du jet plus vif, qui paroit dans le ſang, pendant qu'on remue le bras dans la ſaignée, ne prouve pas ce qu'on veut lui faire prouver. Car quiconque aura jetté les yeux ſur la rapidité, avec laquelle on fait ſortir le ſang de la veine, en roulant dans la main quelque inſtrument cilindrique, ne ſe perſuadera pas, que ce ſang ait été exprimé dans ce moment des arteres capillaires de ces muſcles, qu'il ait paſſé de là dans les veines naiſſantes, & dans les troncs veineux, & enfin dans la veine ouverte par le Chirurgien. De plus une expérience très aiſée, qu'on peut réïterer ſur toutes ſortes d'animaux, prouve que les muſcles ne paliſſent point pendant leur action, ce qui devroit arriver, ſi le ſang en ſortoit dans cette periode. Enfin tout ce ſiſteme eſt fondé ſur un paſſage d'H A R-V E Y (*y*) que j'ai cité plus haut ; & par une analogie précipitée on a attribué à tous les muſcles une proprieté, qui eſt particuliere au cœur, entant que reſervoir de ſang, & non pas entant que muſcle.

Mais les muſcles contribuent d'une autre

(*x*) Memoire ſur le mouvement des muſcles n°. 20. p. 82. Receuil pour le prix de l'Academie.

(*y*) Voyez la citation 52.

tre façon à la circulation du fang. Ils compriment les veines, qui fe trouvent entr'eux, & cette compreffion, dont les valvules dirigent l'effet, contribue à faire avancer le fang du coté du cœur. Voila la véritable caufe du jet de fang, qu'on augmente dans la faignée en roulant quelque inftrument dans la main, ou par des efforts mufculaires du poignet ; c'eft encore la raifon d'un phenomene fouvent cité par BOERHAAVE. Quand on a ouvert le bas ventre d'un animal, les vaiffeaux du méfentere & des inteftins fe rempliffent de fang, au point d'être prefque variqueux, parce qu'ils ont perdu cette contraction auxiliaire, que leur procuroient les mufcles du bas ventre. C'eft encore cet effet du mouvement mufculaire, qui fait, que perfonne ne peut s'en priver pendant un tems confiderable, fans fouffrir une diminution de circulation, furtout dans les pieds, qui y produit un froid continuel & un œdeme. J'explique encore par là les pierres, qu'on trouve fi fréquemment dans la veficule du fiel des criminels, qui ont fubi une longue prifon, & plufieurs autres phénomenes femblables.

J'ai examiné plus attentivement un mufcle particulier, pour m'affurer de la façon, dont il aide la circulation du fang. Je veux parler du diaphragme ; feu M. WALTHER

THER ayant combattu, ce que j'avois a-
vancé fur la force, avec laquelle il ferre
la veine cave, j'ai fait un grand nombre
d'expériences fur des chiens, des chats &
d'autres animaux femblables, & j'ai vû,
après avoir ouvert le bas ventre, que pendant l'infpiration les cotes montent, que
le diaphragme defcend, & que par ce même mouvement la veine cave eft tirée en
bas, & refferrée jufqu'à fe vuider & pa-
lir : & il eft évident, que la même chofe doit avoir lieu à plus forte raifon, quand
le bas ventre n'eft pas ouvert, & que fa
cavité étant remplie, toutes les parties fe
touchent de plus près. Le moment fuivant, quand le diaphragme fe relâche,
la veine cave remonte, & fe remplit de
fang, qui revient de l'abdomen. Ce mouvement eft fi manifefte, que je lui aurois
attribué les phénomenes, que j'ai obfer-
vés dans le cerveau, & que j'ai décrits ailleurs, fi je n'avois pas vû arriver les mêmes changemens au bras & au col, parties jufqu'auxqu'elles l'action du diaphragme ne peut pas s'étendre. Cette remarque nous découvre un nouvel effet des
efforts, c'eft qu'à caufe de la longueur
de l'infpiration ils empêchent le retour du
fang, qui revient des parties inférieures
du bas ventre.

J'ai décrit autrefois l'effet des nerfs fur
les arteres ; M. MEKEL l'a fait depuis

K

pue

peu (*z*). M. SENAC le croit auſſi très
conſiderable, & il a cru, que les nerfs
pouvoient tendre & relacher les arteres
(*a*), arrèter même le ſang dans les plus
petites (*b*), & operer d'autres phénomenes ſemblables. Il eſt ſûr, que l'on trouve des nerfs conſiderables près de la carotide & de ſes grandes branches, mais
l'on ne peut pas prouver qu'ils y demeu-
rent, ou qu'ils ſe diſtribuent dans la ſubſtance des arteres, puiſque les arteres en
général ſont preſque inſenſibles, & qu'on
peut les lier à l'homme & aux animaux
ſans aucune douleur. D'un autre coté les
changemens ſubits, que les mouvemens de
l'ame occaſionnent dans la circulation, l'é-
rection de la verge, du clitoris, des mam-
melons, du ſein; les changemens de couleur des jouës, le froid & le chaud, les
tremblemens, les inflammations, les obſtructions, les mouvemens impétueux, que
les douleurs violentes ou les playes des
nerfs occaſionnent ſouvent; tous ces faits
réünis rendent très probable l'action des
nerfs ſur les arteres, puiſqu'il paroit par
tout cela, qu'ils ont certainement beaucoup

(*z*) Memoires de l'Acad. Roy. de Berlin 1751.
Le titre porte 1752.
(*a*) Traité du cœur t. 2. p. 208. 209.
(*b*) ibid. p. 170.

coup de pouvoir pour retarder ou pour accélerer la circulation.

Mais je n'ai jamais pu par aucune expérience parvenir à obſerver, que l'irritation des nerfs occaſionnat quelque changement dans la viteſſe des humeurs, contenues dans les vaiſſeaux de la circulation. Il m'eſt arrivé une ou deux fois il eſt vrai, qu'en irritant les nerfs, j'ai ranimé l'action du ſang, & rappellé l'écoulement du ſang par des arteres coupées, qui avoient ceſſé d'en fournir. Mais j'ai eu tout lieu d'attribuer cet effet à une ſecouſſe mécanique (c). En irritant le nerf phrenique dans de grands animaux, je n'ai point vû, que les pulſations du cœur ſe dérangeaſſent; & une autre obſervation bien importante, c'eſt que dans les accès hiſtériques, dans les tetanos, dans les emproſtotonos ſouvent le pouls n'eſt ni augmenté ni changé, malgré les violentes agitations, qu'éprouvent les nerfs & les muſcles. De plus, quand l'on irrite la moelle épiniere, tous les muſcles entrent en convulſion, mais le cœur eſt excepté de cette loi, & il conſerve la regularité de ſes battemens. Quand on detruit la moelle de l'épine, le cœur conſerve ſon mouvement, & il continue

K 2

à

(c) MALPIGHI a écrit qu'une convulſion avoit retabli le cours du ſang. Oper. poſthu. p. 9z.

à se mouvoir dans une grenouille, à qui on a coupé la tête (f). Mais je ne m'arrêterai pas d'avantage à cette matiere.

La chaleur & le froid sont presque les seuls moteurs du suc nourriffier des vegetaux, la chaleur le fait monter, & le froid le fait descendre. L'on s'apperçoit aisément sur les hommes, que le froid leur rend les mains pales, seches & rudes, qu'il fait refluer tout le sang non seulement des petits vaisseaux cutanés, mais même de ces grosses veines, qu'on observe sur le dos de la main, & qu'enfin quand tout le sang s'est retiré le membre entier perit, & n'est plus qu'une masse blanche & infensible (g). C'est aussi au froid, qui refferre & raccourcit tout dans la nature, que j'attribue les amas de sang, qu'on trouve quelquefois dans la veine cave, & dans le ventricule droit. Car puisqu'il est prouvé par les expériences du célebre M. CLIFTON WINTRINGHAM, que dans le corps animal les branches sont par tout plus denses, & plus fermes, toute proportion gardée, que leurs troncs, la même cause agissant sur tous les vaisseaux, l'effet des refferremens sera plus grand dans les petits vaisseaux, qui sont plus fermes, & moin-

____

(d) REDI l'a aussi observé sur une tortue.
(e) ELLIS voyage to Hudsons bay p. 176.

moindre dans les grands troncs , qui font plus laches , ainſi la force des petits vaiſſeaux prévalant , ils ſe vuideront dans les grands troncs. Je ne parle pas ici de l'effet , qu'a le froid ſur les vaiſſeaux de la reſpiration , & ſur la peau , qu'il durcit aſſez pour faire changer la direction des cheveux. Je me reſerve d'en parler dans ma phyſiologie.

La *chaleur* au contraire relache & reſoud tout, elle paroit dilater les vaiſſeaux, & faire, qu'ils cedent plus aiſément à l'action du ſang, & qu'ils augmentent de volume, comme on peut le voir dans les veines cutanées des mains. Une plus grande quantité de ſang ſe jette dans les parties échauffées, qui offrent moins de reſiſtance, car un membre ſe gonfle & rougit, ſoit qu'on le plonge dans l'eau tiede, ſoit qu'on le rechauffe par des frictions. Quand on rechauffe les vaiſſeaux d'une grenouille, dans leſquels il y a du ſang coagulé, ce coagulum ſe diſſipe, & les globules dégagés s'échapent des deux cotés, expérience que L E E U W E N H O E C K a faite très bien ſur une chauve ſouris (*f*), & que j'ai vérifiée. Mais je n'ai pas fait de nouvelles expériences ſur ces cauſes de la variation des mouvemens.

K 3

Je

(*f*) Experim. & contemp. t. 2. p. 208.

Je m'étendrai d'avantage fur ce qui re-garde les effets de la *pefanteur*. Il n'eft pas furprenant, que cette force contribue à déterminer le mouvement du fang, non feulement après la mort, mais même pendant la vie, puifque le fang a de la pefanteur, & qu'il eft même plus pefant que l'eau, dont la feule gravité produit tant de mouvement dans les tuyaux des machines. ANDRE' PASTA celébre Me-decin de Bergame, a obfervé (*g*) autrefois très exactement, & très bien décrit, les effets occafionnés après la mort par la pe-fanteur du fang; j'ai examiné les effets de cette même force fur les grenouilles vivantes, & j'y ai été déterminé en par-tie, parce que des hommes célebres & que je confidere, ont nié, que la pefan-teur eut aucune influence fur la circula-tion dans les animaux vivans (*h*). Cet-te expérience fe fait très aifément, il n'y a qu'à foulever en l'air tout le méfentere qu'on a eu foin de ne pas bleffer, on voit toutes fes veines qui fe vuident, & qui deviennent femblables à des filets blancs; lâchez le & abandonnez les mêmes vaif-feaux à leur poids, alors le corps de la grenouille fe trouvant plus haut que le

mé-

(*g*) De motu fanguinis poft mortem.
(*h*) A. F. WALTHER de acceleratione & retardatione fanguinis.

méfentere, l'on voit fur le champ toutes les veines fe remplir de fang, & reprendre leur couleur rouge. Employez auffi le microfcope, obfervez quelque courant perpendiculaire à la planchette, fur laquelle l'animal eft étendu, tournez enfuite toute vôtre machine fans deffus deffous, de façon que fon extrêmité inférieure fe trouve fupérieure, regardez de nouveau, vous verrez évidemment ce torrent de fang renverfé, couler dans un fens contraire à celui que vous avez vû, & defcendre au lieu de monter. Il eft aifé de réïterer ce fpectacle ; il eft plus fenfible, quand l'animal eft mort, ou déja languiffant, mais la circulation n'eft jamais affez forte dans les veines, pour ne pas être alterée par la refiftance de la pefanteur. L'effet de la gravitation eft peu fenfible fur le fang artériel, à moins que fon mouvement n'ait déja commencé à fe ralentir, car alors il retrograde, entrainé par fon poids. L'on voit par là, que même dans l'animal vivant, & bien portant, le fang veineux coule très aifément du coté où fon poids l'entraine, & beaucoup plus difficilement en fens contraire, & que quelquefois même dans ce cas là, il retombe vers les parties dont il vient. Cela nous apprend la véritable caufe de l'incube & du fommeil pefant d'un homme, qui dort à la renverfe, qui couche la tête baffe, ou enfin qui

K 4

dort

dort dans un parfait niveau ; car son sang monte à la tête plus aisément, qu'il ne faisoit dans une situation à demi droite, mais il en revient beaucoup plus difficilement, parce qu'il n'est point aidé dans son retour, par la force de la pesanteur. L'on voit aussi par là, pourquoi les pieds sont sujets à des varices à des œdemes ; & pourquoi ils deviennent froids les premiers quoique couverts ; ces effets proviennent, de ce que le sang revient difficilement des parties inférieures du corps, dont il faut qu'il remonte contre la force de sa pesanteur.

L'on comprend aussi aisément, pourquoi les devins, qui observoient le vol des oiseaux, avoient chez les Romains les jambes variqueuses ; pourquoi les imprimeurs & le reste des artisans, qui travaillent debout, sont sujets à avoir les jambes œdemateuses. Pourquoi le sang se jette sur les yeux des personnes, qui lisent de petits caracteres, ou qui travaillent des ouvrages extrèmement fins. Cet afflux des humeurs sur les yeux les étend, fait avancer la cornée, & rend ces personnes myopes. On voit encore, pourquoi ceux qui se panchent beaucoup en lisant sont sujets à un enchifrenement incommode, qui dépend de l'arret du sang dans les vaisseaux du nez. On decouvre de ce mème phénomene la nécessité des valvules, dans

les

les membres, & furtout dans les pieds ;
il falloit empêcher, que le fang abdomi-
nal ne refiftat par fon poids au retour de
celui des pieds, foit que l'on foit affis,
que l'on marche, ou que l'on fe tienne
debout. J'ai déja dit plus haut, que je
n'avois pu decouvrir aucune valvule dans
les grenouilles, ni dans le méfentere de
l'homme, ce qui eft la caufe de la formation des hémorroïdes. Je ne crois pas
au refte qu'aucun auteur ait jufqu'ici prouvé par des faits cette force, qu'a la pefanteur, de retarder dans un animal vivant
le mouvement du fang, ou de lui donner un mouvement retrograde.

L'air qui fe dilate dans le fang après
la mort occafionne differens mouvemens
(*i*). Je l'ai vû fouvent après avoir rompu les vaiffeaux bronchiaux regorger par
la trachée artere & la bouche, furtout
dans les femmes mortes en couche, ou
dans d'autres cadavres morts de quelque
fievre prompte & maligne. C'eft là vrai-
femblablement la feule caufe des Vampyrs.
Il eft certain, que j'ai vû le fang, qui fe
trouvoit dans le cœur d'un jeune homme,
tout rempli d'air, fe refoudre en écume
& dégorger par l'ouverture que je fis au

K 5

cœur ;

(*i*) L a n c i s i de fubitanea morte l. c p.
16.

cœur ; & une autre fois j'ai vû le fang fortir de la bouche d'une très belle femme morte en couche, & remplir les draps mortuaires. Ainfi SCHURIG a vû dans un apopleétique le fang fortir de la bouche avec beaucoup d'écume & du bruit (k). HILDAN vit auffi fortir du fang de la bouche d'un noyé feize heures après fa mort (l), on trouve par tout des hiftoires femblables ; & c'eft peut-être là la feule caufe du faignement des cadavres, que l'antiquité fuperftitieufe a regardé comme un indice de la vengeance divine, qui découvroit le criminel, par le faignement, que fa préfence caufoit dans le cadavre de l'homme, qu'il avoit privé de la vie. C'eft encore à cette expanfion de l'air produite par la pourriture, qu'on doit attribuer les accouchemens arrivés après la mort de la mere.

Le dernier article qui me refte à traiter, & qui doit l'être d'une façon étendue, c'eft ce mouvement du fang, qui continue après qu'on a arraché le cœur, ou qu'on a lié l'aorte, & qui n'appartient à aucune des caufes précedentes. J'ai fait à cette occafion 33 expériences : dans feize j'ai coupé le cœur, & dans dix fept

les

(k) Sialographia p. 405.
(l) Centur. 3. obf. 12.

les deux grandes branches de l'aorte; & dans ces dernieres expériences j'ai exécuté cette opération, sans qu'il se fit de changement dans les veines. Mais déja avant moi WOODWARD avoit vû le mouvement du sang continuer pendant dix minutes dans la queue coupée d'un petit poisson (*m*). BORELLI nous a appris le premier, qu'après qu'on avoit détruit le cœur, le sang s'écouloit peu à peu des arteres, jusqu'à ce qu'elles fussent absolument vuides (*n*).

Après avoir arraché le cœur, ou ce qui revient au même par rapport aux arteres, après avoir coupé les deux grosses branches, que l'aorte des grenouilles fournit presqu'à sa naissance, dans vingt & trois expériences le mouvement a cessé sept fois dans les arteres du mésentere, dans huit autres cas le sang a rebroussé chemin du coté du cœur, & ce mouvement retrograde a été très rapide deux fois, & a duré jusqu'à une parfaite inanition; dans quatre autres grenouilles le sang balança pendant près d'une heure, allant & venant continuellement du tronc à la branche, & de la branche au tronc, enfin dans les quatre derniers animaux j'ai observé

(*m*) Supplement p. 102.
(*n*) De motu animalium l. 2. prop 31.

obſervé la même direction de mouvement que dans l'état naturel , & ce mouvement naturel s'eſt ſoutenu dans un crapaud pendant 20 minutes.

Il reſulte de là, qu'après qu'on a arraché ou coupé le cœur, ou les grandes arteres, le ſang arteriel a encore continué ſes mouvemens pendant un certain tems depuis 16 juſqu'à 21. 27. 30 & 36 minutes ; le plus ſouvent il a eu un mouvement d'oſcillation , moins fréquemment un mouvement retrograde, & une ſeule fois il a continué à ſe mouvoir ſans aucun dérangement.

La ſaignée a fait renaitre cinq fois le mouvement du ſang, tout comme dans l'animal vivant, de façon, que lors même, qu'il reſtoit très peu de globules dans l'artere, ſi l'on faiſoit alors une ſaignée, quinze minutes après avoir coupé le cœur, l'artere ſe rempliſſoit de nouveau de ſang, qui y venoit d'abord très promptement , & même contre les forces de la peſanteur, puis avec plus de lenteur.

J'ai examiné le mouvement du ſang veineux, après avoir coupé le cœur ſur vingt & deux animaux, dans treize il ſe conſerva dans ſa direction naturelle pendant douze à dix-ſept minutes, dans trois autres animaux il prit un mouvement retrograde, & retourna du méſentere aux inteſtins, deux fois il commença d'abord à

ſe

fe balancer, j'ai vû quatre fois l'un & l'autre mouvement avoir lieu tout à la fois dans différens rameaux, & durer dans un de ces cas pendant trente minutes. J'ai vû dans une veine, qui avoit trois branches, le petit nombre de globules, qui reftoient dans l'une de ces branches, aller & venir du coté de l'inteftin : dans l'autre branche le fang montoit affez rapidement vers le cœur pendant quinze minutes, & revenoit enfuite en ofcillant ; enfin dans la troifieme il defcendoit affez rapidement du tronc à l'inteftin, & en revenoit alternativement. J'ai obfervé fur un crapaud, que le mouvement du fang fe conferva pendant quinze minutes après le retranchement de l'aorte, dans le réfeau veineux capillaire du méfentere ; les globules folitaires paffoient d'abord dans les veines de deux globules de diametre, enfuite dans celles de trois, & de celles-ci dans les troncs veineux.

Il eft arrivé conftamment dans toutes les expériences (j'en ai fait dix-fept) que le fang déja privé de mouvement, s'eft ranimé par la faignée, tout comme dans la vie de l'animal, & s'eft rendu rapidement par les veines de communication fous toutes fortes de directions, à l'ouverture de la veine, que j'avois piquée, & par laquelle le fang s'écouloit, cela a duré vingt minutes entieres après la mort de l'animal.   J'ai

J'ai vû une oscillation assez rapide dans les veines, naitre non seulement d'abord après la mort, mais même plusieurs minutes plus tard. Ce mouvement s'est conservé dans les veines de communication, pendant ving & sept, & même pendant trente & six minutes. Et en général, soit que le cœur subsistat, ou qu'il eut été coupé, les rameaux qui joignent deux troncs par quelque anastomose, ont toujours été les dernieres parties, dans lesquelles le mouvement du sang s'est conservé, comme je l'ai déja dit ailleurs.

Pour découvrir les causes de cette vie sans cœur, j'ai d'abord examiné, si ces mouvemens venoient de la pesanteur. J'ai trouvé, dans ces expériences memes, que le plus souvent le sang se mouvoit, non seulement dans les arteres, mais même dans les veines, contre la force de la pesanteur; que le renversement de la planchette, sur laquelle l'animal étoit étendu, ne changeoit rien à la direction du sang, & que la vitesse, avec laquelle il est porté vers une veine ouverte surpasse de beaucoup la force de la pesanteur.

Il est aussi très aisé de s'assurer, si ce mouvement dépend de la contraction des vaisseaux. J'ai prouvé, que cette contraction n'avoit pas lieu dans les grenouilles; j'ai vû souvent des globules isolés se mouvoir dans des arteres presque vuides, &

ce qui eſt plus déciſif, j'ai vu les globules épanchés entre les lames du méſentere, couler, oſciller, monter, deſcendre, auſſi conſtamment & auſſi rapidement, que ceux qui étoient encore renfermés dans les vaiſſeaux ; j'en ai vû monter & deſcendre le long des parois extérieures de l'artere, & des bords des inteſtins, & enſuite, après avoir fait une eſpece de parabole, revenir par un torrent plus étroit & plus rapide, & ſe repandre entre les lames du méſentere. Ce mouvement ne dépend abſolument point de la peſanteur, & les globules ſanguins montent auſſi rapidement, qu'ils deſcendent, & il eſt évident, que le mouvement, qui ſe fait hors des vaiſſeaux, ne dépend pas de leur contraction.

Ce mouvement dépend-il de la ſuction des petits vaiſſeaux ? De célebres phyſiologiſtes modernes, dont quelques uns ſont fort de mes amis (o), ont attribué à ces petits vaiſſeaux une force de ſuction, par laquelle ils doivent pomper le ſang des grands vaiſſeaux, & qu'on ſuppoſe pouvoir aider les forces de la circulation.

Mais le ſang de l'animal, dont on a détruit le cœur, ne va pas uniquement

des

____

(o) M. KRUGER phyſiol. allemand. p. 25. Ce ſentiment eſt auſſi adopté dans une diſſertation qui a pour titre *de ſuctione vaſorum capillarium in corpore humano* à Joſ. BRUN.

des gros vaiſſeaux aux petits, il va auſſi, & même plus ſouvent, des petites branches aux groſſes : de douze expériences ſur les arteres, j'ai obſervé ce dernier mouvement dans huit cas, & le premier dans quatre ſeulement. La même choſe a lieu par rapport aux veines ; ſur 18 expériences, j'ai vû le ſang dans treize animaux aller des branches au cœur, balancer dans deux autres, & dans trois ſeulement rebrouſſer du coté des inteſtins. De plus perſonne ne regardera comme probable, que les veines capillaires puiſſent rappeller le ſang de leurs troncs, & le faire rebrouſſer chemin contre la route naturelle de la circulation. La nature en leur donnant une force pareille, les auroit armés pour la deſtruction de la circulation & de l'animal.

Quelle eſt donc la cauſe de ces mouvemens du ſang après la mort ? C'eſt ce qu'il n'eſt pas aiſé de dire, tâchons de la trouver. Je vois par les expériences, que le ſang eſt arrêté par les bords du méſentere & des membranes, & par les levres des playes. Coupez une artere ou une veine (c'eſt la même choſe) ou avec le méſentere, ou dans le voiſinage de quelque playe conſiderable de cette grande membrane, il ne coulera pas une ſeule goute de ſang par l'ouverture, que vous aurez faite au méſentere. Il paroit donc,

que

que le fang eft fortement attiré par les membranes du corps humain. Je vois de plus, que le fang épanché s'arrète conftamment vers ces lignes celluleufes, qui accompagnent de part & d'autre les grands vaiffeaux, & que non feulement il refte dans ces lignes, mais qu'il y tend évidemment. La mème chofe eft vraye des membranes des inteftins.

J'ai encore obfervé conftamment, que les globules s'attirent reciproquement, & quand il y avoit du fang ramaffé dans quelque tronc artériel confiderable, qu'alors celui de tous les rameaux voifins s'y jettoit ; la mème chofe eft vraye des veines. De mème quand un aneurifme eft rempli de fang, celui des plus petits rameaux fe jette vers cet amas, & s'il en reffort, c'eft pour fe rendre vers quelqu'autre peloton de globules, contenu quelque part dans le canal artériel. Quand il y a du fang amaffé dans deux endroits differens, il fe forme alors une ofcillation entre ces deux efpeces de maffes magnétiques, qui attirent les globules placés dans leur intervalle, & les font marcher dans deux fens oppofés. Les rameaux veineux fe vuident dans le tronc, & le fang eft long tems balancé par deux mouvemens contraires, jufqu'à ce qu'enfin la force de l'un des amas prévalant l'attire totalement à foi, ou jufqu'à ce que les vaiffeaux foient

L

tout

tout à fait deſſechés. J'ai vû encore une ſeule fois il eſt vrai ; que le ſang ſorti d'une veine déchirée, & épanché entre les lames du méſentere oſcilloit manifeſtement : il étoit abſorbé par la veine , & en reſſortoit un moment après , juſqu'à ce que cette veine & les rameaux voiſins fuſſent remplis. L'illuſtre M. HALES a decrit une eſpece d'oſcillation ſemblable ſur un Moule , dont les humeurs étoient alternativement repouſſées & attirées par les extrémités des vaiſſeaux (*p*).

De tous ces faits réünis , l'on peut ce me ſemble conclure avec probabilité , que le ſang s'amaſſe dans les endroits , où d'abord il s'en trouve le plus ; & que par ce moyen , dans tous les animaux mourans, dans les arteres & dans les veines, tout le ſang ſe rend des branches dans les troncs , que ces premieres ſe vuident , & que ces derniers ſe rempliſſent. De là vient , que dans les veines , c'eſt le mouvement direct , qui eſt le plus frequent , & dans les arteres c'eſt le mouvement retrograde, parceque ces deux mouvemens différens tendent tous deux également, à ramener les humeurs dans leurs troncs reſpectifs.

Il faut qu'il y ait une autre cauſe de ce mouvement rapide , qui porte le ſang

_____

(*p*) Hæmaſt. p. 96.

ſi conſtamment & ſi fortement vers les ouvertures des vaiſſeaux bleſſés, ſoit que ce ſoit une contraction inviſible & innée des parois des vaiſſeaux, ou quelque autre proprieté qui m'eſt inconnue.

Enfin quoiqu'il en ſoit des cauſes de ces differens mouvemens, il eſt utile d'obſerver, que quarante & une minutes après leur avoir coupé le cœur, lorſque le ſang étoit déja dans un repos total, j'ai vû des grenouilles ſe ſervir de leurs muſcles avec vigueur pour ſauter & pour s'enfuir. Nouvel argument, qui prouve que l'action des muſcles eſt indépendante de la communication des arteres, & du ſecours du ſang; car les mêmes muſcles, dans la même grenouille, tremblent conſtamment, quand on irrite leurs nerfs, & reſtent éternellement immobiles, quand une fois on les a coupé. Ce qui prouve, que le mouvement des muſcles ſe continue très bien indépendamment du ſang artériel, mais qu'il ne peut pas avoir lieu ſans l'action des nerfs. Ces mêmes grenouilles voyent, quoiqu'on leur ait coupé le cœur, elles ramenent les paupieres ſur les yeux, elles reſpirent, elles attirent l'air par les narines, qu'elles ſavent dilater, & elles donnent encore d'autres ſignes de vie. Le célebre CALDESI a vû la même choſe ſur une tortue, eſpece d'a-

 nimal

nimal affez analogue aux grenouilles (*q*).

Enfin, MESSIEURS, ce qu'il eft abfolument néceffaire de favoir, c'eft que j'ai fait toutes ces expériences, qui font en très grand nombre, dans le courant de ces vingt dernieres années, fur differentes efpeces d'animaux ; j'en ai facrifié plus de quatre vingt à fang chaud, & plus de foixante & dix de ceux dont le fang eft froid. J'ai obfervé les poiffons avec le microfcope ordinaire de CULPEPER ; & rarement avec le microfcope folaire, parce que j'ai remarqué, qu'à la vérité il groffit prodigieufement les objets, mais qu'il les rend confus & leurs bords mal définis. J'ai expofé les grenouilles fur la planchette de M. LIEBERKUN (*r*), & je les ai examinés avec une lentille, qui, fans groffir extrémement, eft préferable à bien d'autres par fa netteté ; j'ai augmenté l'inftrument d'une piece propre à tenir la lentille auffi ferme que l'on veut, fans le fecours de la main.

Ce n'eft point vous, MESSIEURS, dont je connois la prudence, la modeftie

&

(*q*) Elle vecut deux jours fans cœur p. 76. L'on trouvera plufieurs exemples femblables recueillis dans les *prælect. Boerhavian.* t. 4. 614. 615.

(*r*) Il en a donné la defcription dans les Memoires de l'Acad de Berlin de 1745.

& l'habileté, mais ceux qui ne me con-
noissent pas, & qui ignorent mon amour
pour le vrai ; ce sont ces censeurs, dis-
je, que je prie de vouloir bien ne pas
juger mes descriptions, & les relations
que je donne de ce que j'ai vû, sur une
seule expérience, ou sur un exemple unique ; ils ne trouveront rien ici, ils n'ont
rien trouvé dans mes expériences précé-
dentes sur la respiration, l'irritabilité, la
sensibilité, que j'aye vû une seule fois
ou à la légere, j'ai tout vû exactement,
& je l'ai vérifié plus d'une fois. Quand
j'ai dit, que la dure mere, les tendons,
le périoste n'avoient point de sensibilité,
je n'ignorois pas, que c'étoit combattre
des opinions reçues, & que je ne devois
pas esperer, qu'on abandonnat, à moins
que la nature ne se declarat bien constam-
ment pour moi. Quand je décrivis les
fonctions des intercostaux internes, & que
je prouvai l'absence de l'air dans la poitrine, je savois bien que je trouverois
un antagoniste dans feu M. Hamberger,
& que toute la secte *medicomathematique*,
qui lui étoit unie par le rapport de leurs
methodes, prendroit son parti. Aussi n'ai
je écrit, que des faits, dont je m'étois
assuré par des expériences réiterées, ou
qui n'eut été vû par des hommes capa-
bles de le voir. M M. HOLMAN, ME-
CKEL, TRENDELENBOURG, SI-

 DREN,

DREN, ROEDERER, SPROEGEL, OEDER, HAHN, ZINN, ITH, DUNTZ, RUNGE, de BRUNN, ont été temoins, furtout des expériences relatives à la refpiration ; j'ai fait celles qui prouvent l'abfence de l'air dans la poitrine en préfence de toute la focieté des fciences (*f*). M M. ZINN, WALSTORF, DETHLEF, CASTELL, REMUS, SPROEGEL, ZIMMERMANN, le Baron de Brunn, & plufieurs Medecins de ceux que je viens de nommer, ont vû celles qui ont rapport à l'irritabilité & à la fenfibilité (*t*). M. REMUS a affifté à celles, qui appartiennent au mouvement du fang, & chacun pourra les voir, s'il joint à de la patience, du goût pour la vérité, l'exemption de tout préjugé, & un peu d'adreffe. Pour ceux, qui voudront m'attaquer, après avoir fait une ou deux expériences, ou même fans en avoir fait, & malheureufement

ment

(*f*) Le 4 Nov. 1752. Voyez les nouvelles litteraires de Gœttingue du même mois.

(*t*) M. HEUERMANN a vérifié à Copenhague les expériences fur les tendons. Voyez fa phyfiolog. T. III. p. 79. & M. TOZZETTI, FARION, ZINN, RUNGE, POZZI, ANDRICHI, MUHLMANN, EMETT & d'autres phyficiens encore en on fait, qui paroitront dans le fecond volume des Memoires fur les parties fenfibles & irritables.

ment il n'y a que trop de Critiques de ce caractere, ils feront convaincus de leur erreur, dès qu'on voudra examiner attentivement la Nature, & ils fe verront reduits à la trifte néceffité d'avouer, qu'ils ont combattu le vrai. Car s'il me manque affez de vie ou de talens pour établir la vérité, j'ai trop bonne opinion du genre humain, pour ne pas m'affurer, qu'un jour la Nature aura fes vengeurs, qui retabliront fes droits fur les debris du préjugé & de l'opinion.

SUP-

OBSERVATION SUR LA CAUSE

D U

MOUVEMENT DU COEUR.

Lûe le 10 de Novembre 1751. *

Uelque court que foit ce Mémoire, il ne fera pas inutile : l'on y verra une expérience, que j'ai faite plufieurs fois, & qui prouve, que le mouvement du cœur, & fon alternative continuelle de contractions & de relâchement, dépend de l'Irritation, occafionnée par le fang veineux qui s'y rend. Toutes les explications, qu'on avoit donné júfques à préfent de ce phénomene, font détruites par l'anatomie humaine ou comparée.

L'on fait parfaitement, que le ventricule droit, & fur tout fon oreillette, font les dernieres parties du corps, qui confervent

* Les Expériences fur lefquelles ce Memoire eft fondé, fe trouvent dans la XVII. Section du *Memoire II. fur les parties Irritables*, & font les Expériences 515 & les fuivantes juf-qu'à 523.

fervent du mouvement. C'eſt ainſi que
les expériences l'ont appris à GALIEN
(1) à HARVEY (2) & à M. BOER-
HAAVE (3).

J'ai ſoupçonné depuis long-tems (4),
que la durée de ce mouvement dépendoit
du ſang, que les veines caves, contrac-
tées par le froid, & preſſées par les pal-
pitations & le poids des muſcles, envoient
continuellement à ce ventricule ; au lieu
que le poumon de l'animal mourant, immobile & affaiſſé, n'admet plus le ſang
de l'artere pulmonaire ; & que celui, que
ſa contraction peut faire paſſer dans l'oreillette gauche, eſt trop peu de choſe, relativement à celui qui revient de tout le
corps à l'oreillette droite, pour produire
un effet ſenſible. L'on peut donc établir,
ſi le ventricule droit & ſon oreillette, ſe
meuvent plus long-tems que l'oreillete gauche, que c'eſt parce que le ſang veineux
y aborde plus long-tems.

Je reſolus de vérifier ma conjecture par
des expériences ; & pour cela il falloit,
s'il étoit poſſible, empêcher l'entrée du
ſang dans le ventricule droit ; ſi par là

L ſ

on

(1) Admin. Anatom. lib. 7. c. 15.
(2) Diſſ. 1. p. 39. 44. &c.
(3) Inſtit. rei med. n°. 159.
(4) Commentar in Boer. t. 4. p. 609. Prim.
lin. phyſ N°. 113.

on arrêtoit fes mouvemens, c'étoit une preuve, qu'ils dépendoient effectivement de l'abord de ce fang.

J'effayai d'abord cette expérience avec des ligatures ; parce que je me ráppellois d'avoir lû dans Bartholin (5) & dans Berger (6), que la ligature des veines faifoit ceffer le mouvement du cœur, & qu'il recommençoit quand on la coupoit : & Harvey dit avoir fait la même expérience fur un ferpent (7).

Mais, de cette maniere, elle ne m'a pas réüffi, parce que tant que l'animal eft encore chaud, le fang, qui fe trouve dans l'oreillete droite, continuë à la mouvoir, quoi qu'il n'y en entre point par les veines caves ; & après les avoir liées dans trois jeunes chats, le mouvement du fang continua également. La même chofe eft arrivée à Blanquet dans les expériences rapportées par M. Senac (8).

Cela me fit prendre le parti de fendre l'une & l'autre cave, je les aurois coupées tout à fait, fi je n'avois pas craint,

qu'a-

---

(5) Anat. p. 376.
(6) De nat. hum. p, 62 63. 306. voyez auffi D. Sorgeloos de Oeconom. corp. 66. 69.
(7) L. C. p. 99.
(8) Trait. du Cœur. t. 1. p. 449.

qu'alors on n'attribuât la ceſſation des mouvemens du cœur, à ce qu'il n'avoit plus les appuis néceſſaires. Après les avoir fenduës, j'en fis ſortir tout le ſang, & je les liai. Je vuidai enſuite l'oreillette : alors le ſuccès de l'expérience a toujours été conſtant. Dès que j'eus ôté tout le ſang de l'oreillette, & que j'eus empêché qu'elle n'en reçut de nouveau, elle perdit ſur le champ juſques à la plus petite apparence de mouvement. Comme il eſt plus difficile de vuider le ventricule que l'oreillette, & qu'il cede aux impreſſions que lui communique le ventricule gauche, l'on y obſerve quelques fois un leger mouvement, incomparablement plus foible que celui qu'il a, quand il reçoit le ſang de ſon oreillette & des veines caves.

Il me reſtoit à faire une expérience plus autentique encore. Dans l'état naturel, le ventricule droit ſe meut plus long-tems que le gauche; parce, ai-je dit, qu'il reçoit plus long-tems du ſang veineux. Pour prouver démonſtrativement, que ce ſang eſt effectivement la cauſe du mouvement du cœur, il ne falloit que prouver, ſi l'on privoit le ventricule droit & ſon oreillette de ſang, pendant qu'on en laiſſeroit au ventricule gauche, que le premier perdroit alors ſur le champ ſon mouvement, pendant que celui-ci conſerveroit le ſien.

Pour y réuſſir, il falloit d'abord vuider

par-

parfaitement le ventricule droit par l'ouverture de l'artere pulmonaire, & des veines caves, & empêcher l'évacuation du ventricule gauche, en liant l'aorte ; enfuite examiner attentivement, fi les chofes étant dans cet état, le ventricule droit cefferoit fes mouvemens, & fi le gauche & fon oreillette continueroient les leurs.

Après quelques effais, que la difficulté d'une entreprife aufli délicate, & la mort prompte des animaux rendirent infructueux, l'expérience réuffit à fouhait ; l'oreillette droite refta entiérement immobile, & fon ventricule ne conferva de mouvement, que celui qui étoit une fuite néceffaire de la liaifon de fes fibres, avec celle du ventricule gauche, & qui raprochoit fes parois extérieures de celle qui fepare les deux ventricules. L'oreillette gauche étoit en mouvement pendant un certain tems ; le ventricule pendant plus long-tems ; & j'ai vû quelques fois, qu'au bout de deux heures, il fe contractoit encore.

Quand l'expérience me réuffiffoit exactement, le fang montoit de la pointe du ventricule gauche à la bafe, & enfuite redefcendoit de la bafe à la pointe, & alors le ventricule droit, s'il confervoit encore quelque mouvement, paroiffoit aufli defcendre ; d'autres fois, comme je l'ai vû dans un chevreau, il n'avoit aucun mouvement

vement du tout. Cette expérience réüf-
fiſſoit ſur tout, quand l'oreillette gauche
ſe vuidoit librement dans le ventricule ,
& que le ſang de celui-ci ne trouvoit aucune iſſuë dans l'aorte liée. La pointe du
ventricule gauche étoit toujours la partie,
qui conſervoit le plus long-tems ſon mouvement. L'on transfere ainſi du ventricule droit au ventricule gauche , la proprieté d'être la derniere partie vivante du
corps, en conſervant plus long-tems , à
ce dernier, l'Irritation produite par le contact du ſang.

L'on donne une nouvelle force à cette
expérience, en eſſayant de ſouffler dans
le ventricule droit : par cette irritation,
on le tire du repos., & on lui fait recom-
mencer ſes battemens.

Au reſte , j'ai toujours remarqué, que
la ſurface interne du cœur eſt beaucoup
plus irritable que l'externe. Lors même
que j'ai irrité celle-ci avec les venins les
plus forts, le mouvement que je commu-
niquois au cœur a bientot fini : au lieu
que l'irritation communiquée à la ſurface
interne , ſimplement par l'air , a occaſionné , ſur tout dans les grenouilles , & même dans les chats, des mouvemens, qui
ſubſiſtoient très long-tems, quoique toutes
les parties fuſſent réfroidies.

J'ai fait neuf fois cette derniere expérience , pour conſerver au ventricule gauche

ſon mouvement, lors que toutes les autres parties ont perdu le leur ; ſept fois
ſur des chats , deux fois ſur des chevreaux.
La reſiſtance & la trop grande agitation
des chiens , fait qu'ils ne ſont point propres à cet uſage.

Fin du Memoire I.

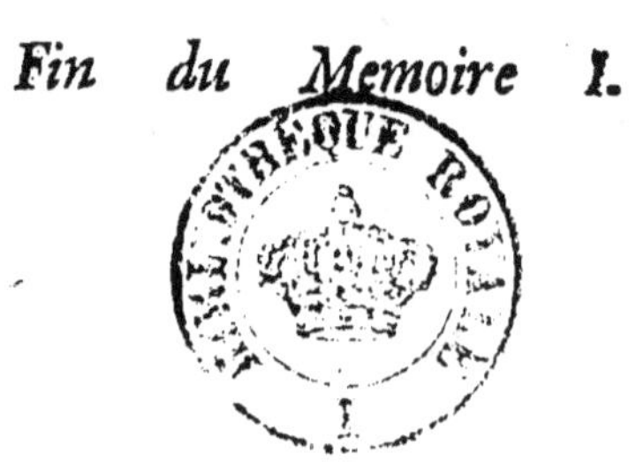

M F.

MEMOIRE II.

SUR LE
MOUVEMENT DU SANG
ET SUR
LES EFFETS DE LA SAIGNE'E.

EXPOSÉ SYNTHETIQUE

DES FAITS,

Envoyé à la Societé Royale des Sciences de GOETTINGUE le 26 Mars 1756.

MEMOIRE II.

SUR LA

CIRCULATION DU SANG.

JE vais fuivre la même methode, MESSIEURS, que j'ai fuivie dans les *Memoires fur les parties irritables & fenfibles du corps humain*, & j'ai l'honneur de vous adreffer le Journal des expériences, fur lefquelles j'ai fondé le Memoire relatif au mouvement du cœur & aux effets de la faignée. Il fervira à faire voir, que j'ai eu pour les refultats, que j'y ai établis, l'autorité repetée de l'expérience. Sans avoir eu encore de difpute fur le dernier de mes Mémoires, je n'ai pas cru pour cela ce Journal inutile, peut-être fervira-t-il à prévenir des objections, & il me paroit convenable de produire mes diffections, comme autant de témoins de ma véracité. Je ne donnerai pas dans ces cahiers, les expériences fur le mouvement du fang veineux, & fur celui du cœur, qui ont paru dans le *fecond Memoire fur*

les

les parties irritables, & qui en forment la quatrieme & la dixfeptieme fection, qu'on pourra confulter. Mais je vaïs donner ce que j'ai vû *fur les globules du fang, fur la couleur, fur le mouvement de cette liqueur vitale, à travers les arteres & les veines, fur les effets de la faignée, & fur le mouvement du fang, qui fubfifte aprés qu'on a détruit le cœur*, ou qu'on a du moins coupé fa communication avec le fifteme des vaiffeaux. Je ne rapporte pas toutes mes expériences, & je trouve, en confrontant les miennes avec celles de M. REMUS, le témoin affidu de celles que j'ai faites en 1751, que ce jeune Medecin en a mis plufieurs par écrit, dont les dates & le détail ne fe trouve pas fur mes regîtres. Accablé d'ouvrage, & atedié quelquefois par les retours trop frequens du même événement, je me laffois d'en charger le papier.

PREMIERE SECTION.

Expériences fur les globules du fang.

EXPERIENCE I. *fur un petit poiffon.* 31 Mai 1751.

M. HOLMANN eut la politeffe de me procurer le microfcope folaire,

&

& de m'y faire voir le spectacle surprenant de la circulation du sang, groffie par l'effet de cet inftrument. Les vaiffeaux de la queuë paroiffent former des ruiffeaux, où couloient avec rapidité des globules d'un contour circulaire, du volume d'un pois. Mais ce spectacle fi frappant n'eft pas fort inftructif. Les contours des objets y font mal deffinés, des iris fans nombre éblouïffent la vuë, & il me parut dans ces expériences, comme dans la vie humaine, que la médiocrité vaut mieux que l'excès (*a*).

EXP. II. *fur un petit poiffon.* 10 Juin.

Je me fervis de la lentille n. 1. du microfcope de CULPEPER; elle groffit beaucoup moins, que le microfcope folaire, mais encore prefque trop, parce que fon foyer eft trop court. Les globules parurent opaques, & ronds, je veux dire, que leurs diametres vifibles parurent égaux entr'eux, car pour l'épaiffeur, il auroit été difficile de dire au jufte, fi elle égaloit les deux autres diametres. Je comparai ces globules aux petites plumes des ailes d'un papillon, & je les trouvai mille fois plus petits. Ma lentille augmentoit

M 2

(*a*) Exp. 4. de M. RÆMUS p. 40.

toit 250 fois le diametre des objets ; &
elle faisoit paroitre les globules du diametre d'un vingtieme ou trentieme de pouce.
. Pour l'expérience du fang reçu dans un
(*b*) tuyau capillaire, fi fouvent cité par
LEEUWENHOECK, elle ne me réuſſit
point. Ce tuyau trop groſſi par le microfcope éloignoit trop les globules de la lentille, & les deux lignes qui terminoient
le tuyau devenoient trop opaques.

EXP. III. *ſur une Grenouille.* 9 Juillet.

Je me fervis & ſur cet animal, & ſur
tous les autres de ſon eſpece, du méfentere, & je l'étendis à la maniere de M.
LIEBERKUHN. Je choiſis une lentille
médiocre n. 3. du microſcope de CUL-
PEPER. Il m'arriva aſſez fouvent de bleffer, au commencement de mes expériences
ſur les inteſtins de l'animal, quelque veine
un peu conſiderable. C'eſt apparemment
la raiſon du phénomene, que je vis aujourdhui. Il y avoit dans les veines du
méfentere des boules cent fois plus groffes, que les globules rouges, entierement
tranſparentes, & qui fuivoient avec une
rapidité extrême le courant du fang. Je
vis les gros troncs veineux remplis de
glo-

(*b*) M. REMUS p. 39.

globules rouges, & entre ces troncs des vaiſſeaux beaucoup plus petits, par leſquels des globules ou jaunes, ou rouges ſe gliſſoient en ſerpentant : il y en avoit de fort rouges, il y en avoit de fort pales, que je fus tenté de prendre pour les molecules d'une liqueur plus fine que le ſang. Le contour des globules rouges eſt circulaire.

E x p. IV. *ſur un petit poiſſon.* 19 Juillet.

Cet animal n'avoit que peu de globules, & leur couleur étoit d'un jaune pale : il me paroit, que les grenouilles ſont plus propres pour les expériences, dont il eſt queſtion.

E x p. V. *ſur une Grenouille.* 21 Juillet.

Les globules de cet animal étoient d'un rouge foncé, même lorſqu'ils marchoient un à un, ils étoient ronds : coagulés par le repos, ils me parurent, avec une lentille bien forte, former des rezeaux polygones.

E x p. VI. *ſur une Grenouille.* 30 Août.

Je voulus me convaincre, ſi effectivement il y auroit de l'air dans les globules, comme K e i l & bien d'autres au

M 3

teurs

teurs l'ont cru. Je prévoyois, qu'en approchant une bougie allumée de ces globules, cet air intérieur devoit fe dilater & groffir leur volume. Je m'imprimai bien dans l'idée la grandeur des globules, tels que je les voyois couler dans les veines du méfentere. Alors j'en approchai une petite bougie allumée ; je l'élevai peu à peu pour donner au fang du méfentere une chaleur graduée. Leur grandeur ne changea point, mais des amas de globules, qui avoient perdu le mouvement, fe diffiperent par la chaleur, & les globules féparés s'écarterent de coté & d'autre. J'approchai la flame jufqu'à me faire mal aux yeux, & jufqu'à griller le méfentere. Jamais le diametre des globules ne changea.

Exp. VII. *fur une Grenouille*, le même jour.

Je fis la même expérience fur le fang arrèté dans les veines, & je le diffipai avec la chaleur, fans que les globules en deviniffent plus gros. Je vis entre les deux lames du méfentere des particules, que je ne connoiffois pas, brunes, mobiles, de la figure d'un ver, dix fois plus petites, que les globules rouges.

E x p. VIII. *fur une Grenouille*. 3 Septemb.

Après bien des expériences je me fuis
af-

affuré, que la couleur naturelle des globules du fang eft un rouge foncé. Je ne pus encore me fatisfaire fur le changement de figure des globules, quoiqu'ils paroiffent s'alonger en ferpentant par les petits vaiffeaux.

EXP. IX. *fur une Grenouille.* 20 Septemb.

Je revis les globules d'air, mille fois plus gros que ceux du fang, en comptant les cubes des diametres. Ils font tranf-parens, fe meuvent avec une rapidité très confiderable, & fortent comme les globu-les rouges par les bleffures des vaiffeaux.

EXP. X. *fur une Souris.* 21 Septemb.

Je voulus faire fur ce petit animal la même expérience, que j'avois faite fur les grenouilles. Je le liai, je lui ouvris le ventre, je montai le méfentere fur les gra-pins, mais je ne vis rien. Les membra-nes du méfentere étoient beaucoup plus épaiffes, que dans les grenouilles, elles reffembloient à du parchemin, le fang fe cailla dans le moment, & je ne vis que des branches rouges ou blanches, fans diftinguer les particules des humeurs. Il y avoit fur le méfentere des vaiffeaux lactés très apparens à l'œil fimple.

<table><tr><td>M 4</td><td>EXP.</td></tr></table>

EXP. XI. *fur quatre Grenouilles.* 14 Mai. 1754.

Dans ces animaux, & dans nombre d'autres j'eus occafion de voir les differentes teintes de la couleur des globules: il y en a de jaunes pales, des rouges pales comme du vin clairet, de couleur de pourpre foncée. Plus l'animal eft robufte, & plus les globules de fon fang font rouges. J'ai fouvent vú ces globules effacer entierement la membrane, qui termine la veine, & paroitre, comme s'ils formoient un chapelet (*c*), fans être renfermés dans un vaiffeau. LEEUWENHOECK a vû la même chofe. Il eft aifé alors de fe convaincre, que leur bord qui paroit à nud, n'eft point tranchant, & que leur épaiffeur eft très confiderable.

EXP. XII. *fur plufieurs Grenouilles.* 11 Juillet.

Je reçus plufieurs de ces animaux, dont les vaiffeaux étoient entierement vuides, c'eft un defaut ordinaire aux grenouilles, furtout quand elles n'ont point mangé, ou qu'on les conferve dans une boete. Elles fe font dans cet état une guerre cruelle,

---

(*c*) L'exp. 124. eft à peu prés la même.

le, & j'en ai vû auxquelles leurs feroces compagnes avoient arraché un bras ou une jambe. On en trouve auſſi, dont les globules ſe trouvent ſur une ſeule file, qui ne remplit qu'une bien petite partie du vaiſſeau, ou ſur deux ou trois files, mais qui ne ſuffiſent pas, pour en remplir la moitié de la lumiere.

E x p. X I I I. *ſur une Grenouille.* 25 Juillet.

C'eſt ſur cet animal, que je vis l'agréable phénomene de deux colonnes de ſang entierement differentes en couleur, qui ſe combattoient dans une veine. Celle qui revenoit du cœur étoit d'un beau pourpre foncé, & celle qui venoit du coté des inteſtins étoit jaune pale.

E x p. X I V. *ſur une Grenouille.* 26 Juillet.

J'ai cru voir les globules du ſang s'alonger, pendant qu'ils parcouroient les plis & les coudes des veines capillaires. Ils préſentent alors tantôt une face luiſante, & tantôt une face rouge. Mais il eſt bien difficile de ſe convaincre de la réalité de ce changement de figure.

E x p. X V. *ſur une Grenouille.* 30 Juillet.

Je vis encore la même apparence de
M 5 l'exp.

l'exp. 14. mais je ne saurois assurer, que le changement de figure fut véritable.

Exp. XVI. *sur une Grenouille*. 20 Septemb.

Les globules, qui étoient en petit nombre dans les veines, étoient jaunatres. Cela arrive souvent, & presque toujours dans les veines, dont le sang a perdu le mouvement long tems auparavant.

Exp. XVII. *sur une Grenouille*. 23 Septemb.

Je vis entre les deux lames du mésentere des globules ronds, qui paroissoient bien sphériques, & qui étoient jaunes. J'en vis d'autres, qui avoient changé de figure, & qui étoient alongés, il y en avoit même de vermiculaires comme dans l'exp. 7. Des bulles d'air s'étoient épanchées avec le sang dans l'intervalle des deux lames du mésentere. En me rappellant les exemples, dans lesquels j'ai vû de ces bulles d'air, je me convaincs, qu'elles ne paroissent, qu'après une blessure considerable de quelque vaisseau, & qu'on n'en voit point, lorsque les veines ont été bien ménagées.

E x p. XVIII. *sur une Grenouille*. 25 Sept.

Le sang ramassé dans les veines avoit quelque chose d'huileux, on y remarquoit des *stries*, qui parcouroient sa longueur. Dans cet

état

état là les globules n'ont pas perdu leur figure, il eſt aiſé de la leur rendre par une ſaignée, qui diſſipe l'amas des globules, & qui
rend la rondeur aux particules ſeparées.

Exp. XIX. *ſur un Crapaud.* 26 Septemb.

Il y avoit entre les membranes du méſentere des globules, plus à nud que dans
les veines. Je les conſiderai attentivement,
& je n'y trouvai aucune difference dans
leurs differens diametres, ni de raiſon pour
croire un de leurs diametres plus long que
l'autre. La rougeur uniforme de ces globules ne paliſſoit pas aſſez vers les bords,
pour qu'on put y ſuppoſer un tranchant,
& elle étoit trop foncée vers le centre,
pour qu'on put leur refuſer une épaiſſeur
très conſiderable, & probablement égale
aux autres diametres.

Exp. XX. *ſur un Crapaud.* 30 Septemb.

Je vis comme dans l'exp. 18. le ſang
ramaſſé & arrêté dans les veines, paroitre comme une huile figée, & parcourue
de lignes longitudinales. Je ne vis point
de rezeau polygone.

1. Je conclus des expériences que je
viens de rapporter, que les globules des
animaux à ſang froid ne ſont pas aplatis,
& qu'ils ſont épais & fort convexes, &
je crois qu'on ne riſque pas beaucoup en
les prenant pour des ſpheres.

2.

2. Le fang de l'animal affoibli (*d*), &
le fang de l'animal naiffant (*e*) eft jaune, il devient rouge quand l'animal eft
plus formé & plus robufte, & fa rougeur
ne vient pas uniquement de l'amas des
globules, ils font fouvent très rouges,
dans le tems même, qu'ils marchent un
à un (*f*).

3. Il n'y a aucun air dans les vaiffeaux
d'un animal qui fe porte bien, & dans
l'intérieur des globules (*g*). Celui qui
paroit quelquefois dans le fang (*h*) eft le
fruit des bleffures des vaiffeaux (*i*).

4. La couleur du fang eft fi accidentelle, & fi changeante, que le fang de la
même veine a été de deux couleurs dans
le même tems (*k*).

5. Il doit y avoir dans les vaiffeaux des
animaux à fang froid un liquide invifible.
On le reconnoit par la continuité du mouvement, que le cœur imprime aux globules du fang, lors qu'ils fe fuivent à la
file, éloignés les uns des autres (*l*). Comme il n'y a point de contraction dans les
vaiffeaux des animaux de cette efpece, cette

(*d*) Exp. 16. 19.
(*e*) Exp. 40.
(*f*) Exp. 3. 5. 8. 11. 12.
(*g*) Exp. 6. 7.
(*h*) Exp. 3. 9. 17. 198. 214.
(*i*) Exp. 17.
(*k*) Exp. 13.
(*l*) Exp. 79. 83. 99. 122. 124. 128. 132.
138. 143. 234.

le continuité de mouvement ne peut venir, que d'une matiere, qui tranfmet le mouvement du globule le plus voifin du cœur aux globules plus éloignés, On le reconnoit encore, parce que des globules de fang, en marche vers d'autres globules cantonnés dans un cul de fac, en font repouffés avant de les toucher, apparemment par la force du liquide invifible, qui eft entr'eux & entre les globules du cul de fac (*m*). J'ai vû cette même matiere fe rendre vifible, & former un brouillard dans les vaiffeaux bleffés, par lequel les globules rouges ne fe frayoient que des routes étroites, preuve qu'ils paffoient à travers une matiere, qui refiftoit (*n*). C'eft cette même matiere lymphatique, qui fort des veines ouvertes, qui forme un brouillard autour de l'ouverture, & qui aide (*o*) le tampon, que je vais décrire, à fermer la bleffure, que la lancette y a faite. Quand on effuye ce brouillard, l'hémorrhagie recommence (*p*). Pour le véritable tampon des vaiffeaux bleffés, c'eft un caillot formé par l'amas de quelques globules de fang rouge, qui remplit la fente du vaiffeau, & qui en déborde quelquefois (*q*).

6.

(*m*) Exp. 93.
(*n*) Exp. 180. 183.
(*o*) Exp. 88. 153. 154. 155. 157. 163. 167, 170. 171. 176. 183. 189.
(*p*) Exp. 175. fouvent repetée.
(*q*) Exp. 93. 160. 167. 170. 178. 183. 194.

6. Le sang se fige, & se caille fort souvent, dans les vaisseaux de l'animal plein de vie (*r*), & ces amas se peuvent resoudre & dissiper (*ſ*).

SECTION II.

Quelques expériences melées sur la couleur du sang arteriel & veineux.

EXP. XX. *sur un petit Chien.* 7 Dec. 1746.

LE sang de la veine pulmonaire ne m'a pas paru avoir une couleur plus vive, que celui de l'artere du poumon, je n'y ai pas vû même de difference bien visible. Je l'ai comparé au sang, qui sortoit d'une branche de l'artere mammaire, & il me parut de beaucoup plus noir.

EXP. XXI. *sur un Chien.* Nov. 1747.

Je comparai le sang de la veine pulmonaire à celui de la veine cave ; & je ne trouvai pas, qu'il y eut de la difference ni par rapport à la couleur, ni pour la consistance & la facilité de se cailler.

EXP.

(*r*) Exp. 6. 7. 60. 93. 155.
(*ſ*) Exp. 6. 7. 93.

E x p. XXII. *fur un Chien.* 20 Avril 1751.

Je liai l'artere & la veine crurale de cet animal pour une expérience relative à la circulation du fang : j'ouvris ces deux vaiffeaux après l'avoir faite, l'artere au deffus de la ligature, & la veine au deffous. J'avoue que le fang arteriel parut d'une couleur beaucoup plus vive & plus agréable, que le fang noiratre de la veine.

E x p. XXIII. *fur un Chevreau.* 12 Mai.

Je comparai le fang de la veine pulmonaire à celui de l'artere fa compagne : celui de la veine me parut plutôt d'une nuance plus noiratre, que le fang des vaiffeaux du bas ventre, que j'avois bleffés, & fa difference d'avec le fang de l'artere du poumon me parut bien peu remarquable.

E x p. XXIV. *fur une Grenouille.* 16 Août.

Je touchai avec l'efprit de nitre les veines & les arteres du méfentere de cet animal. Les globules de fang devinrent d'une couleur terreufe au dedans des vaiffeaux, & ils perdirent en même tems le mouvement. Ceux qui garderent leur rougeur, conferverent auffi leur mouvement.

E x p.

Exp. XXV. *sur des Grenouilles.* 17 Août.

Je vérifiai la même expérience : l'esprit
de nitre ota aux globules du sang leur figure à travers les membranes des arteres,
il les changea en bouë, & les priva du
mouvement.

Exp. XXVI. *sur une Chienne pleine.* 1 Sept.

Je tirai du sang de sa carotide, il se
cailla sur le champ, & forma une masse
rouge. J'en separai le serum, qui suinta
du caillot, & j'y melai de l'esprit de vin
bien rectifié· Il parut des floccons & des
grumeaux, & des especes de membranes
dans cette sérosité, & le caillot rouge sub-
sista. Je melai à une autre portion de ce
sang du vinaigre, il en prit une vilaine
couleur noiratre & terreuse, & un caillot
occupa le milieu de ce sang. Je melai de
l'eau, dans laquelle j'avois fait fondre du
nitre, avec une autre partie du même sang.
Et le caillot & le reste du sang en furent
rehaussés en couleur, rien n'est plus beau
que ce sang là, qui égale l'écarlate.

Exp. XXVII. *sur un Lapin,* le même jour.

Je melai le sang encore fluide de cet
animal avec de l'esprit de vin rectifié : il
le changea en parenchyme, c'étoit une
espece

eſpece de foie mollet, dont les lames &
les fibres tenoient les unes aux autres.
Le vinaigre communiqua au ſang une noir-
ceur preſque pareille à celle de l'encre, le
caillot, qui s'étoit formé dans ce ſang, fon-
dit de lui même. La ſolution de nitre donna les mêmes phénomenes, que dans l'exp.
26. Au bout de vingt & quatre heures
le ſang, auquel j'avois melé la ſolution
de nitre, ſe trouva liquefié. Celui, qui
avoit été melé avec le vinaigre, étoit auſſi preſqu'entierement fluide avec un petit
caillot. Le ſang coagulé avec l'eſprit de
vin continuoit d'être parenchymateux, mais
il étoit devenu plus dur.

Exp. XXVIII. *ſur un Chat.* 2 Septemb.

J'en tirai du ſang arteriel. Il ſe cailla de
lui même. Je le melai à la ſolution de nitre, il reprit ſa fluidité, & devint d'un
rouge éclatant. Avec le vinaigre le ſang
devint tout noir, avec un caillot de la même couleur, qui en occupoit le centre.
Celui, que j'avois melé avec de l'alcohol,
conſerva ſa ſolidité parenchymateuſe au
bout de vingt & quatre heures.

Exp. XXIX. *ſur un Chat.* 3 Septemb.

Le ſang en étoit noirci & caillé. Je melai de la ſolution de nitre à deux portions

de

de ce fang. L'une fe liquefia entierement
à la referve d'un petit caillot, l'autre conferva un peu plus de coagulum, & l'une
& l'autre devint du plus beau rouge du
monde, & parut fluide pour la plus grande partie.

Exp. XXX. *fur un Chien.* 12 Fevrier 1752.

M. SPROEGEL injeƌa du vinaigre
dans la veine jugulaire, l'animal perit prefque fur le champ. Mais la couleur de fon
fang ne fut pas alterée, elle demeura belle
& vive (*t*).

Exp. XXXI. *fur un Chien.* 5 Fevrier.

M. SPROEGEL le tua fur le champ
en injeƌant de l'efprit de vin reƌifié dans
la jugulaire. Le ventricule droit du cœur
fe trouva rempli d'un fang parenchymateux en gros caillots (*u*).

Exp. XXXII. *fur un Chien.* 7 Mars.

Le même jeune Medecin injeƌa de l'huile de tartre dans la jugulaire de cet ani-
mol. Il perit fur le champ, & le fang fe
trouva fi fort coagulé, & fi polipeux, qu'il
avoit

(*t*) Exp. 51. p. 79.
(*u*) Exp. 48. 49. 50. de M. SPROEGEL.

avoit pris la figure des branches de l'artere pulmonaire (*x*).

EXP. XXXIII. *fur un Chien*, le même jour.

On pouſſa dans ſes veines de l'eſprit de
ſel. Le ſang ſe changea en caillots noirs
d'une conſiſtance aſſez molle (*y*).

EXP. XXXIV. *fur du ſang humain.* 10 Mars.

La ſolution de nitrè lui donna la plus
haute couleur, qu'on puiſſe imaginer. La
moitié du ſang avoit conſervé ſa fluidité,
& l'autre étoit changée en lames peu é-
paiſſes d'une gelée feuilletée.

L'huile de tartre produiſit à peu près
le même effet, mais la couleur en fut
moins belle.

Le ſang ſe cailla & devint noir avec
le vinaigre.

L'eſprit de vin en fit un parenchyme
aſſez ſemblable à celui du foie.

EXP. XXXV. *fur un Chevreau.* 17 Mars.

Je comparai le ſang des deux ventricules du cœur, & je n'y trouvai aucune

N 2

dif-

(*x*) Exp. 60. & 61. de M. SPROEGEL
pag. 88.

(*y*) Exp. 57 & 58. de M. SPROEGEL
pag. 85.

difference. Le fang du ventricule gauche n'étoit pas plus rouge, que celui du ventricule droit.

E x p. XXXVI. *fur un Chien.* 18 Mars.

On injecta dans les veines de cet animal de l'efprit de vin camphré. L'animal perit un moment après. Le fang fe trouva en caillots noirs, il n'étoit pas parenchymateux, comme celui qui eft melé avec l'efprit de vin rectifié.

E x p. XXXVII. *fur une Grenouille.* 3 Juillet 1754.

Le fang arteriel de cet animal, & de tous les autres de fon efpece, fe caille & forme des grumeaux & des lames rouges, auffi bien que le fang des animaux à fang chaud : il en arrive de même du fang veineux.

Exp. XXXVIII. *fur une Grenouille.* 24 Juill.

C'eft la même exp. avec celle du n. 37. avec le même événement.

Exp. XXXIX. *fur une Grenouille.* 27 Juill.

C'eft encore la même chofe, à cela près, que le fang étoit tiré d'une veine.

Exp.

E x p. XL. *fur plufieurs Poulets encore renfermés dans l'œuf.* Août 1755.

Le fang de cet animal commence par
être fans couleur dans les vaiffeaux du poulet. Il devient jaune le fecond jour fini,
dans les deux branches de la veine ombi-
licale, qui forment un cercle autour de
l'amnios : & dans les deux branches des
arteres ombilicales, qui fortent du ventre
de l'animal, & qui defcendent dans l'aire
de ce cercle. Quand ces vaiffeaux font remplis de fang jaune, les branches, que le
cercle veineux envoye à la membrane du
jaune d'œuf, font encore tranfparentes,
mais la rougeur commence à fe faire appercevoir dans les troncs ombilicaux, à
leur fortie du bas ventre du poulet. Le
quatrieme jour le fang des vaiffeaux des
membranes, qui environnent le jaune, eft
encore de cette derniere couleur, pendant
que les vaiffeaux de la membrane qui ta-
piffe l'œuf, les troncs un peu confiderables du jaune, & les vaiffeaux du fœtus
font rouges.

Les expériences de cette fection, fans
être fort nouvelles & fort fingulieres, ne
laiffent pas que d'éclaircir quelques points
de phyfiologie. Elles prouvent par exemple, que le fang arteriel n'a pas de dif-

N 3

fe-

ference vifible d'avec le fang veineux (z).
L'unique expérience (a) où la couleur de
l'un & l'autre fang n'a pas été la même,
peut être expliquée par les variations ca-
fuelles de la couleur du fang dans les grenouilles, dans lefquelles on a vû deux colonnes de fang avoir deux couleurs differentes dans la même veine (b).

2. L'acide aceteux donne une couleur
fort defagréable au fang (c), & cependant il eft des plus falutaires. On voit
par là, qu'on ne fauroit guere conclure
des changemens faits dans le fang, à l'efficace des medecines qu'on y auroit melées.

3. Le nitre donne un rouge brillant au
fang, il n'empêche pas d'abord la coagulation (d), mais il paroit le refoudre dans
la fuite (e) contre l'opinion de plufieurs
praticiens.

4. Les alcalis fixes, auxquels on attribue une force refolutive, paroiffent plutôt coaguler le fang (f).

5. Le fang des animaux, qui ne refpi-
rent pas, eft également coagulable, comme

(z) Exp. 20. 21. 23. 25.
(a) Exp. 22.
(b) Exp. 13.
(c) Exp. 26. 27.
(d) Exp. 26. 27. 34.
(e) Exp. 27. 28. & même en quelque maniere
l'exp. 29.
(f) Exp. 32.

me il a également des globules. La rougeur, les globules, la nature gelatineuse du fang ne dépendent donc pas de la refpiration (*g*).

SECTION III.

Sur le mouvement du fang arteriel, qu'on découvre avec l'œil fimple.

EXP. XLI. *fur un Chevreau.* 19 Avril 1746.

LE fang d'une fort petite branche de la mammaire, fauta à la hauteur d'un pied.

EXP. XLII. *fur un petit Chien.* 7 Decemb.

Je mefurai plus exactement la diftance horizontale, à laquelle porta le jet de fang, que lança une petite branche de l'artere mammaire, qui fortoit d'entre les cotes. Elle fut de fix pieds fix pouces, beaucoup plus grande en toute maniere, qu'elle l'auroit dû être, felon le calcul de KEIL & des Medecins géometres.

N 4

EXP.

(*g*) Exp. 37. 38. 39.

EXP. XLIII. *fur un Chien.* 16 Decemb.

Je mefurai encore une fois la diftance, à laquelle fautoit le fang d'une artere des tegumens, qui venoit d'entre les mufcles intercoftaux. Elle fe trouva de trois pieds quatre pouces.

EXP. XLIV. *fur un Lapin.* 23 Dec. 1747.

La pulfation des arteres, qui n'eft pas toujours bien vifible dans les animaux vivans, parut jufques dans les plus petites arteres vifibles de cet animal.

EXP. XLV. *fur un Chien.* 12 Janv. 1750.

J'obfervai fur ce chien, & fur prefque tous les animaux, que j'ouvris vivans, le phénomene fouvent cité par BOERHAAVE. Les vaiffeaux du méfentere paroiffent petits & étroits, quand on n'a fait qu'ouvrir le bas ventre. Ils s'élargiffent fous les yeux des fpectateurs, à mefure que le fang fe refroidit, & deviennent variqueux.

EXP. XLVI. *fur une Brebis.* 6 Mars 1751.

Je vis la pulfation d'une artere du méfentere, elle étoit violente dans un animal, dont la taille excede celle de ceux,
qu'on

qu'on soumet ordinairement aux expériences. Je la suivis, & je la vis se terminer sur les membranes d'un inteſtin. L'artere y formoit une courbure ; la premiere partie s'étendoit, & s'élargiſſoit pendant la ſiſtole du cœur, & la partie au delà du coude ne ſe gonfloit plus. Le diametre de cette artere, la derniere de celles, dont la pulſation étoit viſible, ſe trouva de la ſixieme partie d'une ligne. Je vis la pulſation dans d'autres arteres du même diametre, & l'angle de leurs courbures devient plus aigu. J'ouvris cette artere du méſentere, que j'avois conſiderée. Le ſaut de ſon ſang fut de la hauteur de ſix pieds.

EXP. XLVII. *ſur un Chien.* 6 Avril.

Je liai l'artere & la veine d'une jambe de devant. L'artere ſe gonfla entre le cœur & la ligature, & la veine fit le contraire. J'ouvris l'artere au deſſous de la ligature, elle y étoit plate & vuide, & ne donna point de ſang. Je l'ouvris au deſſus de la ligature, le ſang en ſortit avec violence, il étoit fort coagulable & d'un rouge vif. J'avois conſideré la pulſation de l'artere avant que de l'ouvrir, & l'avois vû s'alonger dans chaque pulſation.

EXP. XLVIII. *ſur un Chien.* 20 Avril.

Je liai l'artere crurale de cet animal.
N 5   Je

Je la vis se gonfler, s'endurcir, devenir roide comme un baton, & s'alonger dans chaque pulsation. Je l'ouvris au dessus de la ligature, le sang en sortit avec impétuosité, ses jets étoient alternativement plus forts, & la difference de la hauteur du saut de la sistole du cœur, étoit assez considerable (*h*).

EXP. XLIX. *sur un Chien*, au mois d'Avr.

Je comparai le saut du sang, qui sortit de l'artere pulmonaire, avec le saut de celui, qui sortoit de l'aorte : j'avois ouvert les deux arteres en même tems. Celui de l'artere pulmonaire ne le ceda gueres à celui de l'aorte.

EXP. L. *sur une jeune Chevre.* 12 Mai.

Le pouls ne parut pas dans les arteres de cet animal, & la meme chose revint dans un grand nombre de sujets.

EXP. LI. *sur un Chat.* 25 Mai.

Je liai l'artere pulmonaire de cet animal, elle s'enfla entre la ligature & le ventri-

____

(*h*) C'est l'exp. 2. de M. RIMUS Ce Medecin en rapporte quelques autres de la même espece, que nous avons faites ensemble.

tricule droit (*i*). Je liai l'artere carotide, elle defenfla au delà de la ligature,
& fe gonfla du coté du cœur. Mais la difference de ces deux portions d'artere ne
dura pas long tems. La partie fupérieure
de la carotide reçut tant de fang par les
anaftomofes, qu'elle égala la partie inférieure. Je n'ai pas vû, que cette ligature rendit l'animal affoupi.

Exp. LII. *fur un Chat.* 27 Mai.

Je liai l'aorte au deffous des reins. Elle fe gonfla au deffus de la ligature, y
battit avec violence, & devint petite &
plate fous la ligature. L'animal perdit l'u-
fage des jambes, & ne put plus fe foute-
nir. Il attiroit les jambes avec une
efpece de convulfion, apparemment par
le moyen du pfoas & de l'iliaque interne.
Le battement des arteres du méfentere,
celui de fes branches, & des plus petites arteres capillaires, parut avec évidence,
parceque leur fource fe trouva au deffus
de la ligature. J'ouvris enfuite la poitrine, & j'y liai encore une fois l'aorte. L'a-
nimal devint étonné, il perdit 'e fenti-
ment, pendant que le cœur battoit avec
violence. Ouverte au delà de la ligature, elle ne fournit point de fang.

Exp.

(*i*) Remus exp. 3. p. 5.

E x p. LIII. *sur une Grenouille*.. 28 Mai.

Je liai l'aorte sous l'origine des grosses branches, immédiatement au sortir du cœur. Elle s'enfloit à chaque pouls : ouverte elle fournit du sang avec violence.

E x p. LIV. *sur une Grenouille.* 22 Juillet.

Je rapporte ici cette expérience, quoique faite avec le microscope, pour ne pas separer celles, qui roulent sur des ligatures. Je liai donc une artere du mésentere avec un brin de soie. Le sang perdit son mouvement au dessous de la ligature, & même au dessus, les globules amoncelés s'arrèterent sans gonfler l'artere. Le sang, qui arrivoit du cœur à cet amas, ne le forçoit point, & n'agissoit pas sur les globules immobiles. Il se détournoit, & se jettoit dans la branche la plus voisine. Bien plus, le sang arrèté au dessus de la ligature se perdit peu à peu, abandonna l'artere, & la laissa vuide, depuis la branche jusqu'à l'endroit de la ligature (*k*).

E x p.

(*k*) M. R e m u s rapporte une expérience à peu près semblable, faite sur un chat p. 4. & trois autres, faites sur des grenouilles p. 43. J'avois fait moi même ces expériences, & j'ai
négli-

E x p. LV. *fur un Chat.* 2 Septemb.

J'apperçus le battement des plus petites arteres du méfentere & des inteftins.

E x p. LVI. *fur un Chien.* 12 Novemb.

Je vis encore le battement d'une petite artere de l'inteftin. Elle avoit une courbure, & fa partie la plus voifine du cœur alongée par l'impulfion du fang, paffoit au delà de la feconde partie, & l'angle, que faifoient enfemble ces deux parties de l'artere, devenoit plus aigu.

E x p. LVII. *fur un petit Chien.* 24 Avril
1 7 5 2.

Je liai l'artere du bras. Elle fe gonfla au deffus de la ligature, elle y battit avec violence, & devint également plus large & plus longue, toutes les fois que le cœur y envoyoit une nouvelle onde de fang.

E x p. LVIII. *fur un Chien.* 10 Aout.

Je liai encore une fois l'artere du bras.
L'a-

négligé de les porter fur mes regitres, parce que je pouvois m'en rapporter à l'exactitude de mon éleve. On peut donc regarder l'exp. 54. comme vérifiée trois fois de fuite.

L'animal ne laiſſa pas de marcher, quoiqu'avec gene. Mais il ne perdit l'uſage
de la jambe, qu'après qu'on lui en eut
lié le nerf.

On va trouver dans la ſuite de ces expériences de nombreux exemples, de la perte du mouvement dans le ſang arteriel,
ſurvenue aux ligatures de l'artere (*l*), &
reparée par l'enlevement des liens (*m*).
Ces expériences prouvent inconteſtable-
ment, que la cauſe principale du mouvement du ſang eſt dans le cœur, & que
la cauſe du pouls eſt tranſportée avec le
ſang, ſans ramper le long des membranes,
ſelon l'opinion des anciens.

Les expériences de cette ſection ne prouvent rien de particulier ou de paradoxe.
Elles concourent uniquement à établir la
vérité déja reçue de la circulation du ſang.
L'expérience 54 trois fois vérifiée montre,
que les arteres obſtruées ne ſe gonflent
& ne ſe dilatent pas, comme le demande
la théorie communément adoptée des inflammations. Au lieu de forcer les membranes des vaiſſeaux, le ſang qui entre
dans les arteres bouchées par une cauſe
quelconque, s'en détourne, & ſe jette dans
les premieres branches libres du même
tronc.

(*l*) Exp. 192. 205. 207. 217. 220. 227. 228.
230.
(*m*) Exp. 207. 87.

tronc. Delà la dilatation extrême des arteres du baſſin & des arteres femorales,
après la ligature des arteres ombilicales.
Le même phénomene a lieu dans les aneuriſmes. Le ſang ne les dilate pas, il s'en
detourne pour enfiler les vaiſſeaux libres
(*n*).

SECTION IV.

*Expériences ſur le mouvement du ſang
arteriel, qu'on n'apperçoit qu'à l'aide
du microſcope.*

E x p. LIX. *ſur un petit poiſſon.* 15 Août
1 7 4 3.

CEtte expérience ne me réuſſit pas ;
je n'aurois garde de la rapporter,
ſi elle n'étoit pas un premier eſſai. Je me
ſervis d'une lentille extrèmement conve-
xe, & le ſoleil étoit fort vif. Je vis dans
la queue du poiſſon deux vaiſſeaux paralleles entr'eux, dont l'un apportoit du ſang
de la tète à la queue, & dont l'autre le
ramenoit dans un ſens contraire. Il y avoit
pluſieurs branches de communication entre

(*n*) Exp. 93. 188.

tre ces deux vaiſſeaux : je ne voyois que les files de globules en mouvement, ſans diſtinguer les membranes, qui terminoient le vaiſſeau.

Exp. LX. *ſur une Grenouille.* 5 Mai 1747.

Je découvris le méſentere, je l'étendis ſur les crochets, & j'en vis les arteres & les veines. Pluſieurs files de globules rouges parcouroient avec rapidité l'une & l'autre de ces deux claſſes, ſans diſcontinuer. Le ſang s'arrêta pendant que le cœur battoit encore, les globules s'arêterent, & collés enſemble ils formerent des maſſes.

E x p. LXI. *ſur une Grenouille.* 24 Mai.

Je me ſervis d'une lentille des plus fortes. Je vis la direction contraire du ſang arteriel & du ſang veineux. Le mouvement perſiſtoit dans les arteres, lors même qu'il fut perdu pour les veines. Je vis le ſang s'accélerer, rebrouſſer, & revenir à ſa véritable direction. Les arteres paroiſſent pales, & les veines ſont d'un rouge fort vif, plus groſſes & plus nombreuſes, que les arteres.

E x p. LXII. *ſur un petit poiſſon.* 31 Mai.

Cette expérience réuſſit mieux, que les
préce-

précedentes. Il y avoit le long des offelets de la queue des paires de vaiffeaux,
une artere & une veine s'accompagnoient.
Le courant du fang de l'une étoit le revers
de celui de l'autre, elles étoient fi conti-
gues l'une à l'autre, qu'on auroit pu les
prendre pour le même canal. A l'extrèmité de la queue l'artere fe recourboit,
& formoit par fon rebrouffement la veine
fa compagne. Il y avoit auffi des branches mitoyennes entre une artere & une
veine, paralleles l'une, à l'autre, elles fortoient de l'une & rentroient dans l'autre
fous differens angles. Aux approches de
la mort le fang s'arrêta dans les troncs, &
continuoit de couler avec viteffe dans des
branches plus petites.

E x p. LXIII. *fur un petit poiffon.* 10 Juin.

Il y a quatre offelets paralleles dans la
queue de cet animal, qui eft reconnoif-
fable à quelques épines placées à coté de
la bouche. Le long de ces quatre offelets
il y a quatre paires de vaiffeaux, une artere & une veine pour chaque offelet, l'u-
ne contigue à l'autre. Le fang paffe avec
rapidité à travers ces vaiffeaux, mais la
viteffe eft plus grande dans les arteres. Entre ces gros vaiffeaux, paralleles entr'eux,
il y a plufieurs branches d'un ou de deux
globules de diametre: elles font branchues

O

elles

elles mêmes, elles forment uu rezeau, &
font des anaſtomoſes entre les arteres &
les veines voiſines : ſouvent l'angle, avec
lequel elles rentrent dans la veine, eſt plus
aigu, que celui, ſous lequel elles ſortent
de l'artere.

Je vis encore fort diſtinctement la maniere, dont les arteres, en ſe recourbant
à quelque diſtance de la fin de la queue,
ſe changent en veines : elles ſont alors de
pluſieurs globules de diametre. Je remarquai dès lors, que les globules du ſang
ne ſe roulent pas, & qu'ils nagent ſans
ſe détourner de la ligne droite, dans un
liquide inviſible (*n*).

EXP. LXIV. *ſur un petit poiſſon.* 26 Juin.

Je me ſervis cette fois ci d'une lentille
moins forte, & je vis les vaiſſeaux arteriels & veineux paralleles entr'eux : le ſang
les parcouroit avec une vivacité, qui diminua par degrés aux approches de la
mort, & qui dégenera dans un repos parfait. Il y avoit pour le moins dix rangs
de globules dans une artere. Je vis des
vaiſſeaux, qu'un ſeul globule parcouroit,
& en meſuroit la capacité. Je vis encore, que les globules ne roulent pas ſur
leur axe.

EXP. LXV. *ſur une petit poiſſon.* 15 Juill.

Je conſiderai encore une fois la queue

de

de ce petit animal. Je vis le sang couler a-
vec autant de vitesse dans les petites branches, que dans les grands troncs. Je vis
ce sang perdre presque tout son mouvement, aller & venir alors, & continuer
alternativement sa route, & puis revenir
sur ses pas. Après ce dérangement les
globules se remettoient en ordre, & pour
la vitesse, & pour la direction du mouvement. Je vis pourtant le sang s'arrêter
vers l'extrêmité de la queue, dans le tems,
que plus près du cœur la circulation se
faisoit encore. On reconnoissoit la veine
& l'artere, qui s'accompagnent le long de
l'osselet, & par la direction du sang, & par le
degré de vitesse, qui est bien plus petit dans la
veine, & bien autrement considerable dans
l'artere. Je ne pus pas distinguer dans
celle-ci l'accélération, que je croyois devoir
provenir de chaque battement de cœur.

Exp. LXVI. *sur une Grenouille.* 16 Juillet.

Le sang arteriel continuoit de couler,
quoique le sang des veines eut perdu le
mouvement. Mais la retardation gagna
peu à peu les arteres, & alors je vis la
perturbation du sang, qui est composée du
balancement, & du rebroussement. L'artere *a* se partageoit en *d*, & formoit deux
branches *c d* & *b d*. Le mouvement naturel du sang le menoit de *a* en *d*, là il

O 2

se

fe partageoit, & une partie des globules
alloit en *b*, pendant que l'autre alloit à *c*.
Mais dans l'animal, que j'avois fous la lentille, le fang rebroufloit par la branche *b d*, & revenoit en *d* : delà les globules de cette branche repoufloient un moment ceux du tronc *a d*, & fe portoient
par un mouvement retrograde vers *a* : un
autre moment, & plus fouvent même, ils
defcendoient de *d* en *c*, de maniere que ces
globules avoient un mouvement compofé
de la direction naturelle, & de celle qui
lui étoit oppofée. Peu de tems après le
fang de la branche *c d* prévaloit contre
celui de la branche *b d*, il revenoit de *c*
à *d*, & de ce point de divifion il repouffoit le fang du tronc *a b*, & revenoit vers
a : une partie même de ce fang retournoit de *d* dans la branche *b d*. C'eft ainfi, que le fang couloit alternativement dans
un fens contraire : le courant le plus fort
prévaloit fur le plus foible, le repoufloit,
& un moment après lui cedoit à fon tour.
Quelquefois auffi le fang du tronc reprenoit fon mouvement naturel, pouffé par
la force du cœur, & le fang revenoit de
a en *d*, & delà en *b* & en *c*, il me paroit même, que ce mouvement naturel revenoit après quelque irritation. Dans les
vaifleaux de cet animal, & en général
dans les arteres & dans les veines de tous
les poiffons & de tous les animaux à fang
froid,

froid, qui ont paffé par mes mains, je n'ai remarqué aucune apparence de contraction, & le fang a coulé à travers ces vaiffeaux, comme par des tuyaux immobiles de verre (o).

EXP. LXVII. *fur deux Grenouilles.* 17 Juill.

Le fang arteriel a ceffé de couler, pendant que celui des veines avoit confervé une partie de fon mouvement. Il eft vrai, que j'avois arraché le cœur de l'animal. Le fang arteriel avoit coulé avec tant de rapidité, que je n'y avois pas apperçu d'accélération dans le tems de la contraction du cœur. Mais quand la grenouille eut perdu la plus grande partie de fes forces, alors je vis le mouvement du fang s'accélerer à chaque pulfation, & c'étoit alors, que le fang reprenoit fon mouvement naturel, & qu'il quittoit la direction retrograde. Les membranes des vaiffeaux étoient couvertes de particules noires, branchues, affez femblables à des fleches, phénomene que j'ai fouvent remarqué, & qui n'empéche pas le mouvement du fang. Je vis des globules folitaires couler entre les membranes du méfentere. Je ne remarquai ni dilatation ni contraction aux arteres.

O 3

EXP.

(o) M. RAMUS a vû la meme chofe p. 43.

Exp. LXVIII. *fur un petit poiſſon.* 19 Juill.

Je jouis pendant deux heures entieres d'un ſpectacle intéreſſant pour moi. Je vis deux arteres collées a deux oiſelets de la queue de ce petit animal. Je vis un rezeau placé entre les deux arteres, qui part ſous differentes directions des vaiſſeaux, & qui rentre ſouvent en retrogradant, en maniere de crochet : les vaiſſeaux, qui compoſent ce rezeau, ne laiſſent paſſer qu'un globule à la fois (*p*). Le ſang de l'animal affoibli s'arrète, puis il rebrouſſe chemin, & reprend un moment après ſa direction naturelle, pour quelques minutes. J'ai vû cette direction avoir lieu dans les petits vaiſſeaux, dans le tems que le ſang revenoit ſur ſes pas dans les troncs : & j'ai vû le mouvement avoir aſſez de viteſſe dans les branches, dans le tems que le ſang étoit preſque arrèté, & reſſembloit à de l'huile dans les grands vaiſſeaux.

Exp. LXIX. *fur une Grenouille.* 20 Juillet.

Une artere ayant été bleſſée par accident,

(*p*) Ce rezeau dont j'ai parlé auſſi dans les exp. 59. 62. 63. me paroit n'avoir été qu'un rezeau veineux, ſemblable à celui du méſentere des grenouilles. Il eſt vrai, que je n'ai pas ſuivi ces expériences, & qu'après celle-ci, je ne me ſuis plus ſervi que de grenouilles.

dent, le fang s'en repandit en quantité entre les deux lames du méfentere, & y forma un amas de globules, qui fe diffipa peu à peu. Le mouvement du fang des vaiffeaux fe troubla peu à peu, un peu plus tard à la vérité dans les arteres, que dans les veines. Mais le mal gagna pourtant les arteres. Le fang rebrouffoit vers le cœur, & puis retomboit dans fa direction naturelle. Je vis le fang revenir de deux branches dans le tronc commun, & retrograder par confequent vers le cœur pendant la diaftole de cet organe, & puis retourner du tronc dans les branches, dans la fiftole qui fuivit. Cela arriva plufieurs fois, & pendant un tems confiderable. Les parois des arteres font blanches, épaiffes, folides, fans contraction, & fans dilatation ; l'impulfion de l'onde, qu'y pouffe le cœur, ne peut rien fur elles. Le choc des globules contre les parois des arteres eft extrèmement foible. Quelque tems après le fang commença à balancer, il alloit & venoit, & j'obfervai ce mouvement alternatif pendant trois heures entieres. Tout étant fans mouvement alors, je changeai la fcene, & je fis paffer fous la lentille une autre portion du méfentere. Le mouvement du fang y continuoit avec liberté. La largeur de l'artere entiere étoit double de celle de la lumiere. Les deux branches d'un tronc font,

O 4

com-

comme dans l'homme, plus larges que ce tronc. J'irritai un nerf, mais l'effet n'en fut pas bien assuré.

EXP. LXX. *sur une Grenouille.* 21 Juillet.

Je déchirai le mésentere par megarde, c'est un accident, contre lequel il faut se précautionner, parce qu'il dérange l'expérience. Le choc des globules contre les parois des arteres n'a aucune force. Les parois étoient une fois plus larges, que la lumiere de l'artere, & parfaitement immobiles. Le mouvement des veines dura plus long tems, que celui des arteres.

EXP. LXXI. *sur une Grenouille.* 22 Juill.

Je vis fort à mon aise, & pendant un tems considerable, le mouvement rapide du sang à travers les arteres, & ensuite le pouls, qui se faisoit avec une accélération du sang, & sans que l'artere se dilatat. Une veine passoit devant une artere, dont la plus petite dilatation auroit du la soulever. Mais ni la veine ni l'artere ne changea de situation. Le diametre des membranes de l'artere étoit egal à celui de la lumiere. La partie du mésentere, que j'avois observée, étant devenue immobile au bout de trois heures, je changeai la scene, & je decouvris une autre

tre region de cette membrane , où le fang continuoit de couler dans les arteres : pour les veines, il n'y avoit plus de mouvement. Les arteres fe defemplirent entierement, & le méfentere fe deffecha , pendant que le cœur continuoit de battre (*q*).

EXP. LXXII. *fur deux Grenouilles.* 27 Juill.

Le mouvément ceffa dans le rezeau capillaire, dont les veines ne laiffent paffer qu'un globule : les troncs veineux le perdirent bientôt après, & les arteres le conferverent encore quelque tems. Il y avoit une artere *a d b*, qui donnoit en *d* une branche *d c*. Le mouvement du fang étant ralenti , je vis le fang s'arrêter au deffous de la naiffance de la branche , dans la partie *b d* du tronc ; j'y vis encore ofciller le fang , pendant que le courant *a d c* fe confervoit , & que le fang alloit librement du tronc *a d* dans la branche *d c*. Il parut dans cette expérience, que la vitéffe étoit plus grande dans le rameau, que dans le tronc même.

EXP. LXXIII. *fur une Grenouille.* 29 Juill.

Les arteres du méfentere étoient déja

O 5

fans

(*q*) REMUS exp 3. p. 43.

ſans mouvement, pendant que celui des veines d'un globule de diametre & de deux globules ſe ſoutenoit encore. Il y avoit ſous la lentille une artere à quatre branches. Deux de ces branches faiſoient avec le tronc un angle à peu près de 90 degrés, les deux autres branches continuoient preſque la direction de leur tronc. J'obſervai, ſi l'événement repondroit à la theorie, & ſi le mouvement ſe ſoutiendroit mieux dans les branches nées ſous un angle aigu, que dans celles qui provenoient ſous un angle droit. Cela arriva, les premieres conſerverent le mouvement naturel, dans le tems que le ſang des dernieres, après un ralentiſſement, & quelques accélérations, étoit tombé dans une parfaite immobilité (r). Je vis encore une fois, que les arteres ne ſont pas dilatées par le cœur, & qu'elles ne ſoulevent pas une veine, qui eſt couchée ſur elles. Après deux heures je vis avec évidence l'accélération & la ſecouſſe, que donnoit au ſang chaque nouvelle onde, qui arrivoit du cœur. Le ſang quitta peu à peu les arteres, il ne reſta dans leur cavité, qu'un petit nombre de globules. La quatrieme heure après le commencement de l'expérience, le ſang ne couloit plus qu'avec peine

(r) Remus p. 40.

peine à travers les arteres, & ses accélérations étoient très visibles pendant la sistole du cœur. Après six heures entieres la plupart des arteres se trouverent vuides : j'avois pris soin, que le mésentere ne se dessechat pas, & je l'avois mouillé de tems en tems. Il y avoit encore une artere, dans laquelle le sang balançoit : il avançoit & reculoit alternativement. Le lendemain tout se trouva desseché, & les arteres parfaitement vuides.

Exp. LXXIV. *sur une Grenouille*. 30 Juill.

Les arteres du mésentere, minces comme des brins de fil, étoient vuides dès le commencement de l'expérience. Je m'apperçus alors, que les grenouilles femelles, avec leur ovaire extrèmement gonflé, ne sont pas aussi propres aux expériences, que les grenouilles males.

Exp. LXXV. *sur deux Grenouilles*. 16 Août.

Les arteres ne se contracterent pas, quoique je les touchasse avec de l'esprit de nitre. Je vis alors, & cent fois du depuis, qu'on trouve les arteres tantôt pleines, tantôt à demi pleines, & tantôt entierement vuides.

Exp.

Exp. LXXVI. *sur plusieurs Grenouilles.*
17 Août.

Je confirmai en vérifiant l'exp. 75 , que les arteres n'ont aucune contraction , & que l'esprit de nitre ne les resserre pas.

Exp. LXXVII. *sur une Grenouille.* 30 Août.

La même artere se trouva presque vuide dans un endroit, & pleine dans un autre. Les membranes de l'endroit vuidé étoient plus qu'égales avec la lumiere, qui restoit pour le passage des globules.

Exp. LXXVIII. *sur deux Grenouilles.*
30 & 31 Août.

Je parvins par des saignées à vuider les veines, pendant que le sang continuoit de couler dans les arteres. Il y avoit peu de sang, même avant ces saignées, c'est un defaut assez ordinaire des grenouilles, qu'on a gardées un jour ou deux, ou qui ont manqué de nourriture.

Exp. LXXIX. *sur une Grenouille.* 3 Sept.

Ni cet animal ni tant d'autres , que j'ai soumis à mes expériences, n'ont eu de contraction dans leurs arteres. Les globules des petits vaisseaux se suivent à la file, &

de

de loin à loin, & cependant avec une viteffe uniforme. Il paroit, qu'un liquide invifible en doit former la chaine, & porter
aux premiers l'impreffion, que les derniers
ont reçue.

Exp. LXXX. *fur une Grenouille.* 21 Sept.

Une artere du méfentere avoit un aneurifme vrai : le fang y tomboit globule à
globule du tronc arteriel ; il perdoit fon
mouvement dans l'aneurifme, & il le reprenoit en fortant de fa cavité, & en ren-
trant dans la partie de l'artere, dont le
diametre n'etoit pas dilaté.

Exp. LXXXI. *fur quatre Grenouilles..*
14 Mai 1754.

Le fang arteriel couloit avec rapidité dans
fes vaiffeaux, pendant que celui des veines avoit perdu le mouvement. Quand le
fang des arteres fut ralenti, on diftingua
l'accélération alternative de ce fang, qu'u-
ne nouvelle contraction du cœur faifoit a-
vancer avec une nouvelle viteffe. Il y
avoit peu de globules dans l'artere prefque
vuidée, & ils y marchoient un à un. U-
ne autre artere fe dilata, & forma une efpece d'aneurifme difforme, fous lequel elle fe retreciffoit.. Il n'y a furement aucune contraction dans les arteres de ces
ani-

animaux.　L'épaiffeur des membranes les
fait paroitre pales , & les veines mieux remplies & moins épaiffes fe diftinguent par
leur rougeur.

Exp. LXXXII. *fur une Grenouille.* 30 Mai.

Le fang couloit avec viteffe dans une artere du méfentere : il étoit fans mouvement
dans la veine fa compagne.　Il n'y a pas
de choc contre les éperons, qui fe trouvent dans la divifion des arteres.　Je ne
pus pas trouver de difference à la viteffe
du fang dans les branches & dans les troncs.

Il fe forma dans cette artere deux aneurifmes vrais , remplis de nombreux globules : ils étoient féparés par des portions d'artere plus étroites , dont le calibre étoit d'un
petit nombre de ces globules.

L'impulfion du cœur, qui accélere le
fang par fa fiftole , parut évidemment.

Le fang veineux avoit perdu le mouvement , quand celui des arteres balançoit encore : il couloit du coté des inteftins, il en revenoit, & rebrouffoit vers
le cœur.　Sa viteffe diminua peu à peu
dans quelques branches , elle ceffa tout à
fait , pendant que le mouvement continuoit
dans d'autres.　A la fin toutes les arteres
du méfentere refterent fans mouvement.

E x p.

Exp. LXXXIII. *sur une Grenouille.* 31 Mai.

Je vis encore une fois dans les arteres du méſentere, le ſang en ſi petite quantité, que les globules ſe ſuivoient de loin à loin, & j'en conclus encore, qu'un liquide inviſible devoit en lier la chaine.

Exp. LXXXIV. *sur deux Grenouilles.* 5 Juin.

Le ſang coula long tems dans les arteres & dans les veines d'une maniere naturelle & uniforme. Dans les arteres les globules avançoient par ſecouſſes, ils étoient accélerés alternativement: en général la viteſſe du ſang artériel étoit plus grande que la viteſſe de celui qui coule dans les veines, & celui-ci ne ſubſiſtoit plus, pendant que le ſang continuoit de paſſer par les arteres. Les tuniques des arteres ſont épaiſſes & immobiles.

Dans la ſeconde grenouille il n'y avoit pas de ſang dans les arteres, dès le commencement de l'expérience. L'artériotomie ne me réuſſit pas dans celle qui en avoit.

Exp. LXXXV. *sur une Grenouille.* 26 Juin.

Le ſang artériel n'eſt pas accéleré par l'impulſion du cœur, pendant que ſon mou-

ve-

vement a de la vigueur : il l'eſt, quand ce mouvement eſt ralenti, & on compte alors ſans peine les accélérations. Je vis le tems, que l'aorte ne fourniſſoit plus de ſang au méſentere de l'animal affoibli. Le ſang de ces arteres s'arretoit de lui même, & les globules, qui n'occupoient, qu'une partie du calibre de l'artere, reſterent ſans mouvement. On voit le pouls dans l'animal encore vigoureux ſur toute la longueur des poumons, & dans l'artere brachiale : il n'en eſt pas de même de l'aorte deſcendante : & dans les arteres, que je viens de nommer, le pouls baiſſe peu à peu. Quand l'animal eſt affoibli d'avantage, le ſang du cœur ne vient que juſqu'au commencement de l'aorte, & rien ne paſſe aux parties plus éloignées.

Exp. LXXXVI. *ſur une Grenouille.* 3 Juill.

Le poumon a dans toute ſa péripherie des cellules hexagones, aſſez grandes ; d'autres cellules plus petites, & plus ſemblables à celles du poumon de l'homme, environnent chacune des grandes véſicules. L'intérieur du poumon eſt une cavité, qui ſe continue avec toutes les véſicules hexagones. Les arteres ſe ramifient dans les intervalles des véſicules. L'animal peut à ſa volonté enfler tout le poumon, il le fait ſouvent au milieu des tourmens, quoique

les

les grenouilles ne crient pas dans cet état.
Quand il enfle le poumon toutes les arteres de ce viscere s'alongent. Un moment
après l'animal fait sortir en un moment
tout l'air de son poumon, & alors les arteres se replient sur elles mêmes.

L'artere vuidée ne se contracte pas, son
calibre subsiste, lors même, qu'il n'y a
plus de globule pour le remplir.

Exp. LXXXVII. *sur une Grenouille.* 19 Juill.

J'avois rappellé le mouvement du sang
arteriel, par le moyen de la saignée, il
en resulta une oscillation dans une artere
à deux branches. Une de ses branches a-
voit un mouvement retrograde, le sang se
rapprochoit du cœur ; arrivé à la division,
il se partagea. Un courant enfila l'autre
branche de l'artere, & se porta avec promtitude aux intestins, en suivant la direction naturelle. L'autre rebroussa par le
tronc commun des deux branches, & retourna du coté du cœur, jusqu'à ce qu'il
eut perdu son mouvement.

Exp. LXXXVIII. *sur une Grenouille.*
24 Juillet.

Je contemplai le mouvement d'une artere & d'une veine, qui s'accompagnoient.
Celui de l'artere étoit si violent, que l'œil

P

avoir

avoit de la peine à le fuivre. Le poids du fang ne pouvoit rien fur fa viteffe, & ne la diminuoit pas, lors même qu'il y étoit directement oppofé.

L'artere piquée ayant dégéneré en aneurifme, & le mouvement du fang s'étant retabli à travers cette tumeur, je vis fort bien, que ce retabliffement commençoit par une file unique de globules, qui arrivoient par l'artere, & fe faifoient jour dans l'aneurifme. Bientôt trois & quatre autres filets rouges, compofés de globules pénétrerent à travers une efpece de brouillard, qui occupoit la cavité de l'aneurifme. Après ces files de globules le courant du fang revint dans toute fa force, & dans fa largeur naturelle.

Exp. LXXXIX. *fur deux Grenouilles*, le même jour.

Je féparai l'artere du méfentere : elle conferva fon diametre cette fois-ci, & le fang y paffa, comme fi rien n'avoit été alteré.

Exp. XC. *fur une Grenouille*. 26 Juillet.

Il y avoit plufieurs aneurifmes dans une artere : c'étoient des tumeurs ovales du diametre de plufieurs globules : au deffus & au deffous de l'aneurifme il n'y avoit que des filets affez minces de fang dans l'ar-

l'artere. Je vis fort bien les globules repandus entre les lames du méfentere fe réünir dans la cellulofité , qui en environne
les arteres.

Cette partie du méfentere étant deffechée, j'en fubftituai une autre , dans laquelle la circulation du fang continuoit dans
l'état naturel.

Exp. XCI. *fur une Grenouille*, le même jour.

Souvent les arteres paroiffent extrèmement pales dès le commencement de l'expérience , le calibre en eft très étroit alors,
& le fil des globules très mince. Peu à
peu la circulation s'y retablit, la lumiere
fe dilate , il y paffe plufieurs rangs de globules , & les arteres deviennent toutes pleines d'un fang , qui fe meut avec rapidité. Ce changement favorable arriva aujourd'hui , fans que la faignée y donnat occafion.

Je remarque encore une fois , que dans
le mouvement du fang arteriel il ne parut
ni accélération ni fecouffe, tant que l'animal a confervé fa vigueur. Eft-elle affoiblie ? on diftingue bientôt la nouvelle fecouffe, qu'y ajoute chaque pulfation du cœur.

Exp. XCII. *fur une Grenouille*. 30 Juillet.

Je m'attachai affez long tems à confiderer

rer une artere d'une grandeur confiderable. Quand je commençai à y fixer les yeux, fes tuniques avoient deux fois le diametre de fa lumiere, ou, fi l'on veut, du diametre entier de l'artere la lumiere faifoit un tiers, & les tuniques le refte. Mais cette proportion n'eft pas conftante. Le mouvement du fang ayant repris de la vigueur, à mefure qu'il arrivoit d'avantage de cette liqueur vitale, la lumiere augmentoit, & l'épaiffeur des tuniques diminuoit, elle n'égala à la fin de l'expérience, que la quatrieme partie du diametre de la lumiere.

Je vis naitre auffi un aneurifme, à peu près ovale, fa lumiere étoit bien des fois fupérieure à l'épaiffeur de fes membranes. Le fang paffoit avec lenteur à travers cet aneurisme, comme on pouvoit s'y attendre.

J'attendis deux heures entieres le ralentiffement du mouvement arteriel, mais la viteffe du fang par les arteres fe foutint pendant tout ce tems là: à la fin une incifion à l'artere en diminua la promtitude, le fang de l'artere coula avec lenteur, & celui de l'aneurifme s'arrêta tout à fait, il repouffa même la nouvelle onde de fang, qui arrivoit du cœur.

Les arteres méfentériques font faites à peu près, comme celles des gros inteftins des hommes. Chaque tronc fe partage en deux branches, qui fuivent la *longueur* de l'inteſtin, qui s'abouchent les unes aux autres, & qui fourniſſent leurs branches aux boyaux. Il eſt ſingulier, que je n'aye jamais pu voir de branche artérielle dans le rezeau veineux, qui occupe les eſpaces vuides du méſentere. Il ne nait aucun rameau arteriel dans cet eſpace là.

EXP. XCIII. *ſur une Grenouille.* 6 Août.

Après avoir ouvert une veine, je découvris dans cet animal un autre canton du méſentere, j'y trouvai une artere, dont le ſang étoit ſans mouvement dans le tronc *a d c* : mais dans la branche *d b*, qui ſortoit à angles droits de ce tronc là, le ſang conſervoit ſon courant naturel. Peu à peu le mouvement ſe remit dans la partie du tronc *d c*, qui étoit au deſſous de la naiſſance de la branche, mais le ſang étoit immobile au deſſus de ce point là. On vit le ſang de la partie inférieure du tronc *d c*, & celui de la branche *d b* ſe balancer pendant quelque tems : & celui de la branche prit à la fin le deſſus, il rentra dans la partie inférieure du tronc, & ſe porta de là aux inteſtins. Il repouſſa en même tems les globules peu nombreux de la partie ſupérieure du tronc *a d*, & peu à peu le mouvement ſe retablit, & le ſang de la branche *d b* s'unit avec le ſang du tronc *a d*, pour deſcendre par la partie

P 3

d c

d c du tronc. Mais ce defordre partial même ne dura pas toujours, le fang revint
à fon mouvement naturel, il partit d' *a*
pour fe diftribuer dans les branches *d b* &
d c, & il parcourut l'une & l'autre avec
vitefle & avec conftance.

Avant que cette direction naturelle reprit le deffus, il defcendit du point *a* des
boufées de globules colés les uns aux
autres, & qu'une impulfion du cœur faifoit avancer : cet obftacle levé le mouvement légitime fe retablit. Il fe livra de
tems en tems de petits combats ; le fang
rebrouffoit de *b d* & de *c d* contre *a* : &
repouffoit le fang, qui arrivoit du cœur,
mais ces défordres duroient peu, & le
courant naturel fe retabliffoit bientôt après.

Ayant vû tant de fois des aneurifmes
fe former fous mes yeux, je voulus tenter d'en faire par artifice. Je croyois m'è-
tre apperçu, qu'il s'en faifoit, quand une
partie d'une artere étoit affoiblie. Je feparai donc une certaine longueur de l'artere du tiffu cellulaire, qui la lioit au méfentere, je la fecouai, pour mieux détruire fes attaches, fans pourtant la bleffer :
& bientôt l'aneurifme fe forma : c'étoit u-
ne tumeur oblongue, beaucoup plus large,
que l'artere dont elle provenoit, & qui
donne paffage au fang, dont elle eft tra-
verfée avec lenteur.

Je coupai un de ces aneurifmes par fa

partie

partie la plus éloignée du cœur : il ne fortit aucun globule de cette bleffure, il me
parut, qu'une membrane femicirculaire ter-
minoit l'aneurifme de ce coté la : un gru-
meau de fang rempliffoit la playe. Le fang
s'arrêta bientôt tout à fait dans ce cul de
fac, formé par un aneurifme féparé de la
partie inférieure de l'artere. J'obfervai les
balancemens, qui en refultoient dans le
mouvement du fang. Le fang, qui arrivoit du cœur, étoit combattu par celui de
l'aneurifme, il en étoit repouffé jufqu'à
l'origine de la branche la plus proche : un
moment après cette onde de fang reprenoit
fa direction légitime, & faifoit avancer le
fang de l'aneurifme vers le fonds du cul
de fac, fans qu'il en fortit pourtant la
moindre goute. Ce combat entre le fang
de l'aneurifme & celui du cœur dura long
tems : il parut même, qu'un liquide invifible rempliffoit la partie fupérieure de l'a-
neurifme, & le fang du cœur en étoit repouffé, avant que d'avoir touché le fang
du cul de fac. Les globules de l'aneurifme eurent même l'avantage, peu à peu
ils repoufferent fi bien le fang, qui arrivoit du cœur par le tronc de l'artere,
que ce tronc fe defemplit entierement, &
refta vuide. L'aneurifme au contraire fe
remplit de fang, mais fans fe dilater. Le
fang du tronc trouva fon débouchement
par la branche la plus voifine, il fuyoit

 par

par cette ouverture avec rapidité. Car je vis évidemment, que le fang traverfoit cette branche avec plus de vitefle, que le tronc plus ample dont el'e fortoit.

J'arrachai le tronc de cette artere avec la pincette, il prit la figure d'un cone tronqué, & pas un globule ne fortit de fon extrèmité. Ce cul de fac, & une branche née du tronc arraché, furent remplis peu à peu de globules.

Exp. XCIV. *fur une Grenouille*, le même jour.

Ayant bleffé par accident le méfentere, il fe forma deux aneurifmes dans l'artere: le fang les traverfoit avec liberté. Je remarquai fort bien la difference de la vitefle, avec laquelle il paffoit par la partie étroite de l'artere, & de la lenteur, avec laquelle il traverfoit les aneurifmes.

Exp. XCV. *fur une Grenouille.* 20 Sept.

Le mouvement du fang étoit dérangé dans l'artere. Son tronc *a b* avoit deux branches *b c* & *b d*. Le fang arrivoit du cœur en *a*, & bientôt après il retrogradoit vers le cœur. Il y avoit un combat entre la branche *b c* & la branche *b d*. Tantôt le fang venoit de *c* en *b*, point de divifion du tronc, & en defcendoit dans la

bran-

branche *b d* : & tantôt c'étoit le fang de
la branche *b d*, qui revenoit de *d* en *b*,
& qui de là defcendoit vers *c*. Un mo
ment après le fang rentroit dans l'ordre,
& partoit d' *a* pour paffer à *b* & de là
en *c* & en *d*, avec une viteffe redoublée,
qui dilatoit la lumiere de ces arteres, &
qui diminuoit l'épaiffeur de leurs tuniques.

Exp. XCVI. *fur une Grenouille*. 26 Sept.

Je fis naitre un aneurifme dans une des
arteres du méfentere, en féparant l'artere des membranes voifines, & en la fe-
couant. Toute la partie de l'artere, que
j'avois traitée de cette maniere, devint un
aneurifme elliptique. L'artere conferva fon
diametre, au deffus de l'aneurifme, elle
y étoit même plus étroite. L'aneurifme
fe remplit de fang.

Exp. XCVII. *fur une Grenouille*. 27 Sept.

Le mouvement du fang paroiffoit fort
bien, quoique cet animal eut été deux
jours en prifon & fans manger. Je fis
naitre un aneurifme de la même maniere,
que d.ns les expériences précedentes; cet
aneurifme étoit ovale, n'avoit pas beaucoup de largeur, & fe remplit de fang
qui fe coagula.

P 5   Exp.

EXP. XCVIII. *sur une Grenouille.* 28 Sept.

Je féparai encore une fois l'artere de fes attaches avec le méfentere, & je la fecouai, je fis naitre par là deux aneurif- mes vrais.

EXP. XCIX. *sur une Grenouille.* 29 Sept.

Comme l'aorte de cet animal avoit été coupée, je vis des globules traverfer à la file & un à un l'artere du méfentere.

EXP. C. *sur une Grenouille.* 30 Sept.

Je féparai l'artere de fes liens celluleux, mais comme il n'y avoit pas de fang pour en écarter les parois, il n'en fuivit aucun aneurifme.

EXP. CI. *sur un Crapaud au ventre orangé,* le même jour.

Cette fois ci l'aneurifme réuffit par les moyens ordinaires, & le fang s'y arrêta.

EXP. CII. *sur un Crapaud.* 1 Octob.

Je vis la circulation du fang fur les mem- branes, qui foutiennent les conduits des œufs. L'artere pulmonaire a un pouls vifible

fur

fur toute fa longueur : le tronc méfentérique bat auffi, mais le pouls n'eft pas vifible dans fes branches.

Je m'attachai à évaluer la viteffe du fang, qui parcourt les vaiffeaux des poumons ; je n'y trouvai certainement aucune rapidité particuliere, à peine a-t-il la viteffe du fang du méfentere. Les arteres rampent dans les intervalles des véficules & des lobules de ce vifcere.

Je tire plufieurs confequences des expériences, que je viens de rapporter. I. Le fang n'eft pas autant retardé, qu'on le croit communément, dans les petits vaiffeaux, puifqu'il y coule auffi vite, que dans leurs troncs (*a*), & qu'il y a même des exemples, que le mouvement des gros vaiffeaux eft fupprimé, pendant que celui des plus petites arteres fubfifte encore (*b*). On rapportera, lorfqu'il s'agira des veines, d'autres expériences, qui confirmeront ce corollaire.

2. Les globules du fang ne roulent pas fur leur axe (*c*), ils nagent avec regularité, & en parcourant des lignes droites le long des vaiffeaux : leur choc contre les parois des arteres (*d*) ou contre les éperons

rons

(*a*) Exp. 65. 68. 72. 82.
(*b*) Exp. 62.
(*c*) Exp. 63. 64. & toutes celles que j'ai faites fe reuniffent là deffus.
(*d*) Exp. 69. 70.

rons (*e*) de leurs divisions, n'a point de violence. C'eſt peut être là la raiſon, pour laquelle les vaiſſeaux liés ou obſtrués ne ſe dilatent pas.

3. Les phénomenes remarquables des oſcillations (*f*) retabliſſent ſouvent le mouvement naturel du ſang.

4. Les arteres ſont entierement deſtituées de toute force contractive, & le ſang ſe meut à travers les vaiſſeaux de cette claſſe, comme ſi c'étoient autant de tuyaux de verre (*g*). Je ne diſconviens pas, que les membranes d'une artere coupée ſe reſſerrent, & forment, ſous un aneuriſme ſeparé de ſon tronc, une eſpece de cul de ſac (*b*).

5. On n'apperçoit pas l'accélération du ſang, qui naît du cœur, pendant que l'animal eſt fort robuſte, mais elle paroit évidemment, quand il eſt affoibli (*i*). L'artere n'eſt pas dilatée pendant le battement du cœur (*k*), je parle des arteres du meſentere, car les gros troncs les plus voiſins du cœur ſe dilatent. C'eſt une nouvelle preuve de la dureté ſupérieure des branches, comparativement aux troncs.

On

(*e*) Exp. 82.
(*f*) Exp. 66 69. 72. 82. 87. 93.
(*g*) Exp. 66. 67. 69. 70. 75. 76. 79 81. 84. 86. 93. 180. 199. 201. &c.
(*b*) Exp. 93. 181.
(*i*) Exp. 67. 81. 84 85. 91. 126. 163. 173. 189.
(*k*) Exp. 67. 69. 71. 73. 79. 135. 145. &c.

6. On trouve les arteres vuides (*l*), on les trouve à demi vuides (*m*), & dès le commencement des expériences, & par un effet des blessures & des saignées. Souvent les globules ne remplissent, qu'une petite partie de la lumiere des arteres, & quelquefois il n'en reste pas du tout. Il n'est donc pas vrai de dire, que les arteres sont toujours pleines dans un animal vivant, ni qu'elles se resserrent à proportion, qu'elles perdent de leur sang.

7. L'effet des angles pour diminuer la vitesse du sang n'est pas bien averé. On a vû le sang couler avec plus de vitesse dans les branches nées sous de petits angles (*n*), mais on a vû le contraire (*o*).

8. Mais l'effet de la dilatation, ou de la plus grande lumiere des arteres est averé. L'une & l'autre de ces causes diminue la vitesse du sang. Dans une branche plus étroite, que le tronc, le sang se meut avec plus de vitesse (*p*). La même chose a lieu dans une artere au dessous d'un aneurisme (*q*). Le sang se ralentit (*r*),

&

(*l*) Exp. 71. 73. 74. 75. 78. 81. 84. 86. 172. 182. 218. 219. 225. 234. &c.
(*m*) Exp. 81. 85. 226.
(*n*) Exp. 73.
(*o*) Exp. 72. 93.
(*p*) Exp. 93. comparés Exp. 126.
(*q*) Exp. 94.
(*r*) Exp. 92. 93. 94.

& s'arrête (ƒ), & fe caille dans les aneurifmes.

9. La raifon de l'épaiffeur des tuniques
des arteres à la largeur de leurs lumieres
eft inconftante : & ces tuniques font capa-
bles de compreffion. Elles ont beaucoup
plus de diametre, que la lumiere dans les
arteres d'un animal affoibli (t). Mais quand
la vigueur de la circulation fe retablit, la
lumiere augmente, & le diametre des membranes diminue, fans que le diametre de
l'artere entiere en foit alteré (u), il arrive même, que la lumiere paffe de beaucoup la largeur des tuniques. Je ne me
fouviens pas, d'avoir entendu parler de ce
changement d'épaiffeur dans les membranes des arteres.

10. On ne doit pas nier, qu'il n'y ait
des aneurifmes vrais (x), dont les exemples font d'ailleurs affez frequens dans l'aorte de l'homme. Il eft fûr par l'expérience (y), qu'on peut faire naitre des aneurifmes de cette claffe, en diminuant la fer-
meté d'une partie de l'artere, & en la détachant de fon tiffu cellulaire, ou en blef-
fant l'artere (y) *. Des abcès, qui amin-
cent

(ƒ) Exp. 80. 92. 93. 96. 97. 101. 187.
(t) Exp. 70. 76. 92.
(u) Exp. 71. 91. 92. 95. 183.
(x) Exp. 80. 81. 82. 88. 89. 92. 93.
(y) Exp. 93. 94. 95. 97. 98. 101. 230.
(y) * Exp. 180.

cent le tiſſu cellulaire, ne pourroient ils pas donner naiſſance à des aneuriſmes ?

11. L'expérience ne confirme pas la vélocité particuliere du ſang, qui paſſe par le poumon (z).

SECTION V.

Expériences ſur le mouvement du ſang veineux, qui ſe font ſans l'aide du microſcope.

Exp. CIII. *ſur un Lapin.* 25 Juin 1731.

C'Eſt la même expérience, que j'ai citée en parlant des arteres (a). Les veines du méſentere étoient étroites & petites, quand j'ouvris le bas ventre, elles ſe gonflerent, ſe remplirent de ſang, & devinrent épaiſſes & variqueuſes, après que le méſentere eut été expoſé à l'air pendant quelque tems.

Exp. CIV. *ſur un Chat.* 24 Novemb. 1750.

J'ouvris la veine cave. Le ſang en ſortit avec un jet conſiderable, & tel, qu'on ne l'attend pas d'une veine.

Exp.

(z) Exp. 102.
(a) Exp. 45.

EXP. CV. *sur un Chien.* 6 Avril 1751.

Je liai la veine de la jambe de devant
(*b*). Elle s'enfla du coté de la pate, &
sous la ligature : du coté du cœur elle devint plate, & vuide, & mince comme un
fil : je l'ouvris dans cet endroit là, elle ne
fournit point de sang, au lieu, qu'elle en
donna beaucoup, quand je l'ouvris sous
la ligature, & du coté de la pate. Il ne
sauta pas, & ne fit pas de jet.

EXP. CVI. *sur un Chien.* 20 Avril.

Je liai la veine de la jambe de derriere. Elle s'enfla entre le pied & la ligature, & donna beaucoup de sang, quand
je l'ouvris de ce coté là. Il ne vint pas
en jet à la verité, & coula sans intermission.

EXP. CVII. *sur un Chevreau.* 12 Mai.

Je liai la grande veine du mésentere, elle se gonfla évidemment (*c*) entre la ligature & l'intestin, mais elle ne desemplit
& ne s'aplatit pas, entre la ligature & le
foie.

(*b*) L'exp. 1. de M. REMUS & les suivan-
tes appartiennent à celle-ci.
(*c*) M. REMUS rapporte la même expérience faite sur un chat. p 4.

foie. Les branches méfentériques ne fe vuident pas du coté des *portes*, quaud on les
a liées.

E X P. C V I I I. *fur un Chevreau*. 19 Mai.

Je liai la veine cave inférieure au deffus du diaphragme, cela eft aifé dans les
animaux, qui ont cette partie de la veine cave fort longue. Elle fe gonfla violemment du coté du diaphragme, & le remplit de fang. Je liai le tronc des vaiffeaux
de la porte dans fon entrée dans le foie,
& au deffus de l'infertion de la veine fple-
n'que : alors les veines du méfentere devinrent extrèmement groffes.

E X P. C I X. *fur un Chat*. 27 Mai.

Je liai la veine dans le bas ventre : elle ne fe dégonfla pas au deffus de la ligature, qui fe trouvant fous l'infertion des
vaiffeaux des reins n'empêcha pas, que ces
vaiffeaux, l'azygos, les lombaires & la fper-
matique n'y rapportaffent leur fang.

E X P. C X. *fur une Grenouille*. 28 Mai.

Je liai la veine cave abdominale, elle
s'enfla fous la ligature, & elle fe dégonfla
& s'aplatit au deffus de la ligature du coté du foie.

Q

E x p.

E x p. C X I. *fur une Grenouille.* 22 Juillet.

Je liai un des troncs des veines méfentériques (*d*), j'examinai avec le microfcope les fuites de cette ligature. Le fang,
qui devoit repaffer au cœur par la veine
liée, fe détourna de cette veine, & fe jetta dans les branches voifines, comme s'il
avoit été forcé d'y entrer par les globules de fang arrêtés dans la veine liée. Le
fang s'arrêta au deffus de la ligature dans
la branche, que j'avois liée. Une veine
fe rendoit dans le tronc au deffus de la
partie du vaiffeau lié, qui étoit rempli de
fang immobile : elle évita ce fang là, &
retourna contre la direction de la circulation, pour enfiler une autre branche voifine, par laquelle il revint par les inteftins,
& continua fon cours par une veine com-
municante.

E x p. C X II. *fur une Grenouille.* 28 Sept.

Je liai la veine méfentérique. elle fe gonfla médiocrement entre l'inteftin & la ligature (*e*).

E x p.

(*d*) R e m u s p. 44. Ce font deux expériences avec le même événement.
　(*e*) M. R e m u s rapporte une expérience pareille faite fur un chat. p. 10.

Exp. CXIII. *sur un Chien.* 22 Fevr. 1752.

Je liai les deux veines jugulaires de l'animal. Elles ne s'enflerent pas au deſſus de la ligature, & l'animal ne devint pas aſſoupi.

J'ai vû qu'un chien, dont les jugulaires étoient liées à la ſuite de quelques injections, ſe ſauva, & je le rencontrai en rue, qui ne paroiſſoit pas embaraſſé de la ficelle, qui y étoit encore attachée.

Exp. CXIV. *sur un Chien.* 8 Octob.

Je liai la veine jugulaire externe, elle ſe gonfla au deſſus de la bleſſure, & vers la tête, & ſe deſemplit du coté du cœur. La tête ne s'enfla pas, il ne s'en ſuivit aucune ſalivation, & je n'ai rien vû de pareil ſur d'autres ſujets encore.

La plus grande partie de ces expériences ne peut ſervir, qu'à établir la vérité de celles de HARVE'E, & les loix de la circulation, découvertes par ce grand homme. On a vû dès lors, que pluſieurs veines ne ſe gonfloient pas au deſſous de la ligature, & on en a tiré une objection contre la nouvelle découverte. Mais on trouve la reponſe à ces objections, en comparant l'expérience 108 avec 107, 109 & 112. Quand on a lié le tronc commun de toutes les veines du méſantere, le ſang

Q 2

n'ayant

n'ayant aucun chemin pour revenir au cœur, enfle toutes les branches qui font au deſſous de la ligature. Mais quand on ne lie, qu'une veine particuliere du méſentere, ou telle autre veine, qui reçoit de grandes branches au deſſus de la ligature, elle ne ſe dégonfle pas dans cet endroit là, parcequ'elle a ſes reſſources, qui continuent d'y fournir du ſang.

L'exp. CXI. (ƒ) confirme à l'égard des veines, ce que nous avons dit des arteres : les ligatures, & par conſequent les obſtructions, ne gonflent pas les troncs obſtrués, parce que le ſang les évite, & qu'il cherche, & trouve d'autres chemins pour retourner au cœur.

SECTION VI.

Expériences ſur le mouvement du ſang veineux qui ne peuvent ſe faire qu'à l'aide du microſcope.

Exp. CXV. *ſur une Grenouille.* 7 Mai. 1747.

IL ne me parut pas, que le ſang veineux coulat avec moins de viteſſe, que le ſang

(ƒ) Exp. 12.

ſang arteriel. Lors même que ſon courant fut devenu retrograde, il conſerva ſa viteſſe.

Exp. CXVI. *ſur une Grenouille.* 27 Mai. 1751.

Les veines étoient extrèmement rouges, les globules s'étoient accumulés en grand nombre, dans le tems que le ſang arteriel continuoit librement de couler

Exp. CXVII. *ſur une Grenouille.* 9 Juill.

Le mouvement du ſang veineux étoit aſſez promt, d'une viteſſe moindre pourtant, que celle du ſang arteriel. Peu après le ſang s'arrèta dans les veines, il retrograda, & bientôt il reprit ſon mouvement naturel. Il m'a paru, qu'il rentroit dans l'ordre après une irritation. Avant que de tomber dans un repos parfait, le ſang alla & vint, & ſe balança dans les veines.

Exp. CXVIII. *ſur un petit poiſſon.* le 15 Juillet.

Il eſt ſur, que le ſang traverſe les veines avec beaucoup de viteſſe, quoique cette viteſſe ſoit inférieure à celle du ſang arteriel.

Q 3   Exp.

EXP. CXIX. *fur une Grenouille*, 16 Juill.

Le fang veineux perdit fon mouvement plutôt, que celui des arteres, & s'arrêta en quantité dans les veines. A coté d'une groffe veine du méfentere étoient des petits vaiffeaux tranfparens, à travers lefquels les globules paffoient avec beaucoup de viteffe, quoiqu'en petit nombre, & de loin à loin. Ces vaiffeaux formoient un rezeau, & leur mouvement étoit auffi rapide, que celui des veines ordinaires de plufieurs globules de diametre. Ces globules font de véritables globules rouges, par la grandeur, par la couleur, & par leur retour dans les veines, où ils fe melent au refte du fang fans laiffer de diftinction. Le fang des arteres continua de couler, pendant que celui des veines étoit immobile.

EXP. CXX. *fur deux Grenouilles*. 17 Juill.

Le fang veineux coule avec viteffe, fouvent il paroit égaler celle du fang arteriel, mais d'autres fois on diftingue fort bien l'avantage de celui-ci. Je revis encore le rezeau de veines d'un globule de diametre, qui eft placé entre les veines ordinaires du méfentere. Les veines ne fe dilatent point, & n'ont aucune contraction, ni d'apparence de pouls.

EXP.

EXP. CXXI. *fur un petit poiffon.* 19 Juillet.

Je trouvai dans la queue les veines compagnes des arteres, paralleles avec celles-ci, mais peu apparentes, & d'autres veines placées dans les intervalles de ces troncs, qui fuivent les offelets. Le mouvement du fang n'eft guere moins promt dans les veines, que dans les arteres. Quelquefois le fang des grandes veines montre plus de viteffe, & d'autres fois on n'y remarque aucune difference.

EXP. CXXII. *fur une Grenouille.* 20 Juill.

Le rezeau veineux placé entre les groffes branches du méfentere parut encore, les globules le traverfoient avec beaucoup de viteffe, quoiqu'ils fe fuiviffent à la file, & féparés par des intervalles. Le mouvement du fang fut troublé dans les veines, pendant quil fe foutenoit encore dans les arteres, & ce furent les troncs, dont le mouvement fe troubla, pendant qu'il étoit regulier encore dans les petits vaiffeaux. On n'apperçoit pas l'impulfion du cœur dans les veines. Peu à peu le fang s'arrèta & dans les veines, & dans les petites mailles du rezeau veineux, & bientôt après dans les arteres : je changeai la fcene, & je plaçai une autre region du

mé-

méfentere fous la loupe, le mouvement du fang s'y foutenoit, & n'avoit pas dégénéré encore.

Exp. CXXIII. *fur une Grenouille.* 21 Juill.

Le fang étant arrêté dans les arteres, pendant qu'il confervoit du mouvement dans les veines, il alloit & venoit en balançant. Il y avoit une maffe de globules collés enfemble : le fang ayant pris un mouvement retrograde vint jufqu'à cet amas ; il en retourna, comme s'il en étoit repouffé, & reprit la direction naturelle.

Exp. CXXIV. *fur une Grenouille.* 22 Juill.

Je fuivis long tems des yeux le mouvement du fang, dans une artere & une veine affez confiderable : il étoit prefque auffi promt dans la veine que dans l'artere. Il étoit même très promt dans les petits vaiffeaux du rezeau veineux, où les globules le fuivoient fur une feule file, & affez éloignés les uns des autres. Les globules faillifoient du bord des veines, ils faifoient fortir une demi circonference femicirculaire, & prenoient la figure d'un chapelet, parce que la membrane des veines eft affez fine pour devenir invifible : le même phénomene n'a pas lieu dans les arteres, dont les membranes font plus épaifpaisses. Je commençai à m'appercevoir, que le rezeau des petits vaisseaux est uniquement veineux. Le diametre des veines me parut en général double de celui des arteres paralleles. Après avoir joui trois heures entieres de ce spectacle, je m'attachai à un autre canton du mésentere : le mouvement du sang arteriel y subsistoit, mais le sang veineux étoit arrété. Le mésentere étant desseché, les veines resterent remplies de sang.

EXP. CXXV. *sur deux Grenouilles.* 27 Juill.

Deux veines avoient une anastomose par une courte branche, qui les unissoit. J'y vis avec plaisir l'inconstance singuliere de la direction de leur sang. J'appelle une de ces veines *a b f*, & l'autre *e c d*, & la veine qui les unissoit *b c*, elle s'y ouvroit dans les points *b* & *c*. Je vis le sang couler de *a* par *b* & *c* en *d* : je le vis venir de *e* par *c* & *b* en *a* : & encore de *f* par *b c* en *e*, & de *d* par *c* & *b* en *a*. Ce mouvement étoit composé de la direction naturelle, & de la direction retrograde.

Dans l'autre grenouille je revis le rezeau veineux, composé de veines capillaires d'un seul globule de diametre, & de quelques autres veines, qui en laissoient passer deux ou trois. Le sang traversoit avec beaucoup de vitesse tous ces vaisseaux, il y coula avec tant de conftance, que fon mouvement s'y foutint dans le tems qu'il avoit ceffé dans quelques uns des troncs. Peu à peu pourtant le fang s'arrêta, & dans le rezeau veineux, & dans le refte des veines, dans lefquelles il s'étoit foutenu, pendant que le mouvement du fang arteriel alloit fon train. Je vis, à m'en convaincre, dans ce fujet, que le fang coule avec beaucoup de viteffe, & dans les grandes veines, & même dans les petites, quoiqu'un peu plus lentement, que dans les arteres. Je ne remarquai aucun frottement des globules contre les parois des veines.

Exp. CXXVI. *fur une Grenouille.* 29 Juill,

Le mouvement du fang des veines du centre du méfentere me parut rapide, même des veines du calibre d'un globule & de deux, avoient un mouvement affez promt, dans le tems que le fang repofoit dans les arteres voifines. Une heure après le commencement de l'expérience le mouvement du fang veineux me parut plus vite, que celui du fang arteriel. Une veine étant recourbée en forme d'arc, un globule choqua la concavité de cette courbure, mais mollement, & fans violence. Quatre heures après le commencement de l'expérience, le mouvement du fang veineux fe foutenoit avec vigueur, même dans les plus

plus petites branches, dans le tems, que le mouvement arteriel étoit affoibli, & qu’on y diſtinguoit fort bien les impulſions du cœur. Deux veines formoient un tronc par leur réünion, je vis que le ſang avoit plus de viteſſe dans le tronc, que dans les branches, qui le compoſoient. Après ſix heures la grande veine du méſentere avoit encore du mouvement, mais ſon diametre étoit irregulier, & plus étroit du coté du cœur : le mouvement étoit plus rapide dans la partie la plus étroite de la veine. Les vaiſſeaux d’un ſeul globule étoient diſparus. A neuf heures après midi le ſang revenoit encore par les veines de l’eſtomac & du méſentere. Il n’y a pas de valvules dans tous ces vaiſſeaux. Le lendemain tout étoit immobile &, les veines étoient remplies de ſang.

EXP. CXXVII. *ſur une Grenouille.* 17 Août.

Les globules, qui parcourent le rezeau veineux, qui ſe ſuivent à la file, & qui ſont même éloignés les uns des autres, ne laiſſent pas, que de faire leur chemin avec viteſſe. Je crus avoir vû alors une artere du calibre de deux globules s’inſerer, & s’ouvrir dans le tronc d’une veine. Mais je crois, d’après de nombreuſes expériences, que c’étoit une veine.

E X P.

Exp. CXXVIII. *sur une Grenouille.* 23 Août 1752.

Le sang passe avec promtitude par les veines., moins vite pourtant, que par les arteres, & la difference de ces vitesses me parut assez suivre la raison inverse des diametres des vaisseaux de ces deux classes. Le mouvement des vaisseaux capillaires du calibre d'un seul globule est assez rapide, même lorsque ces globules sont séparés par des intervalles. Le mouvement de ces petits vaisseaux cessa plutôt, que celui des troncs.

Exp. CXXIX. *sur quatre Grenouilles.* 18 Mai, 1754.

Je vis le mouvement du sang veineux qui avoit été retardé, & qui même avoit dégéneré en balancement, reprendre une vitesse nouvelle. Je vis le sang repasser du tronc dans la branche, & retourner de la branche au tronc, & s'opposer au mouvement de celui-ci. Ce tronc ayant perdu le mouvement, celui des veines capillaires ne laissa pas que de continuer.

Exp. CXXX. *sur une Grenouille.* 30 Mai.

Il n'y a pas de secousse alternative dans le

le sang veineux, ni dans cette expérieuce, ni dans plusieurs autres.

Exp. CXXXI. *sur une Grenouille.* 31 Mai.

Je remarquai l'éperon à la division de deux branches, le sang y venoit choquer, quand il rebroussoit vers les intestins. Mais ce choc étoit d'une mollesse extrème.

Il se forma sur la veine des varices d'un plus grand diametre, que le reste de la veine.

Exp. CXXXII. *sur deux Grenouilles.* 5 Juin.

Le mouvement du sang veineux étoit rapide, sans l'être autant, que celui des arteres. Il n'y a ni secousse, ni accélération. Ce mouvement se fait avec vitesse même par les veines d'un ou de deux globules de diametre, comme le font celles du rezeau méfentérique, souvent cité. Les globules de ces petits vaisseaux font sur une seule file, éloignés les uns des autres, d'un intervalle égal au diametre d'un globule, & même à deux de ces diametres. Ici, & dans le plus grand nombre des expériences, ces vaisseaux perdent les premiers leur mouvement, & dans le tems même, que le sang coule avec liberté à travers les troncs.

Deux veines étoient unies par une branche, qui partoit de l'une pour se rendre

dans

dans l'autre. Les deux colonnes oppofées de fang, qui venoient par les deux
veines, tâchoient d'enfiler cette branche
anaftomotique, elles fe refiftoient, jufqu'à
ce que la plus groffe, & celle qui avoit
le plus de viteffe, l'emportât fur l'autre.

Je vis des efpaces vuides dans la veine;
fur une grande étendue peu de globules
difperfés n'occupoient qu'une petite partie
de la cavité, ils étoient fans mouvement.
Il n'y eut ni ici, ni dans d'autres expériences, d'apparence de contraction dans
les membranes extrêmement minces des
veines.

Exp. CXXXIII. 26 Juin.

Le mouvement du fang, qui paffoit par
les veines, ne me parut guere plus rapide, que celui des globules extravafés, qui
couloient entre les deux membranes du
méfentere. L'impulfion du cœur n'ajoute
aucune fecouffe au mouvement du fang
veineux.

Exp. CXXXIV. *fur une Grenouille.* 24 Juillet.

Je comparai le mouvement d'une artere & d'une veine, compagnes l'une de
l'autre : le premier étoit d'une rapidité extreme, & le fecond ne me parut que mé-
dio-

diocrement promt. Les globules, qui tiennent le milieu de la veine, & qui en parcourent l'axe, ont plus de viteſſe, que ceux qui ſuivent les bords.

Je vis fort bien le mouvement d'oſcillation dans un tronc veineux aſſez conſiderable, le ſang revenoit un moment vers l'inteſtin, & un autre moment il ſe portoit rapidement au cœur. Dans le même tronc le ſang prit dans le même tems deux directions contraires : une partie de ce ſang rebrouſſa du coté des inteſtins, & l'autre enfila la route naturelle vers le cœur.

Exp. CXXXV. *ſur une Grenouille.* 25 Juill.

J'avois déchiré une veine du méſentere avec la pincette, j'en repliai l'extrêmité, qui regardoit le cœur. Je repliai ce bout, & j'attendis l'effet de ce pli. Il ne ſortit point de ſang de la veine déchirée, quoique ſa direction naturelle le menat à la playe, il fut comme repouſſé par l'extrêmité de la veine, & revint en balançant vers les inteſtins,

Exp. XXXVI. *ſur une Grenouille,*
le même jour.

J'avois contemplé à loiſir le mouvement rapide du ſang arteriel, & celui des veines, moins violent que le premier. Je
dé-

déchirai encore une fois une veine, pour
me convaincre s'il y auroit quelque chofe de folide dans l'expérience précedente.
Il ne parut pas qu'il y en eut, car le
fang fortit par le bout de veine déchiré,
foit que cette veine fut droite, ou que
fon extrèmité fut repliée. Je ne remarquai aucune contraction à cette veine. Le
fang coula pendant un tems confiderable.

Exp. CXXXVII. *fur une Grenouille.*
26 Juillet.

Je confiderai long tems & avec attention le mouvement du fang veineux. Il
y avoit deux troncs paralleles *a b c* & *d e f.*
Une branche *b c* les joignoit en *b* & en
c, elle faifoit un angle aigu du coté des
inteftins avec *a b c*, & un angle obtus avec
d e f. Il n'y a aucune direction imaginable, que le fang n'adoptat dans ces
deux veines. Je le vis couler dans une
direction retrograde de *a* par *b* en *c*, &
en retrogradant également par *b* en *e* &
f. Le fang de l'autre tronc veineux rebrouffa pareillement de deux manieres, il alla
tantot de *d* par *e* en *f*, & tantôt de *d*
par *e* en *b* & delà à *c.* Je le vis auffi
fuivre la direction naturelle, & couler de
c par *b* en *a*, & de *f* par *e* en *d.* Je vis
auffi des mouvemens compofés de la direction naturelle & de la direction retro-
gra-

grade, & venir de *a* par *b a e* & *f*, & de
d par *e* en *b* & *a*. Dans toutes ces ofcillations il fe fait fouvent un choc entre
les colonnes contraires de fang, qui refiftent de tout leur poids & de toute leur
viteffe, & qui fe repouffent l'une l'autre.

Je vis le fang, qu'une veine petite, fans
être capillaire, verfoit dans un gros tronc
veineux, en être repouffé, & fe refouler
dans la petite veine, dont il devoit fortir.

L'aire du méfentere que j'avois contem-
plée, étant deffechée, j'en cherchai une
autre, & le fang arteriel & veineux y continuoit fon mouvement avec liberté. C'eft
l'image en petit d'une gangrene topique,

Je foupçonnai, que la caufe des mouvemens retrogrades, fi frequens dans les veines, pourroit bien être quelque léfion du
coté des inteftins. Les crochets y percent
fouvent quelque vaiffeau, & excitent une
dérivation du coté de l'inteftin.

Exp. CXXXVIII. *fur une Grenouille.*
30 Juillet.

L'animal fut trois heures entieres fous
l'expérience. Je découvris une artere &
une veine du méfentere, avec un rezeau
de beaucoup de veines capillaires, placées
entre ces deux troncs. Il me paroit, que
ce rezeau n'eft pas formé par des radicu-
les veineufes, mais pas des branches ca-

R

pil-

pillaires, qui fortent d'un tronc pour rentrer dans un autre.

Le mouvement du tronc veineux étant
ralenti, il me parut, que des fecouffes con-
vulfives l'accéleroient de tems en tems. Il
eft fûr, qu'une veine d'un, de deux ou
de trois globules de diametre, avoit un
mouvement plus rapide, que celui du tronc
veineux, dont je viens de parler.

Les globules de ces petits vaiffeaux font
féparés par un intervalle, qu'un liquide
invifible doit néceffairement remplir.

Une petite veine paffoit devant le tronc
d'une artere : elle n'étoit point foulevée
par fon battement, & fes globules paffoient avec liberté.

Exp. CXXXIX. *fur une Grenouille.* 6 Août.

L'ofcillation, le mouvement retrograde
& le mouvement naturel, s'étoient long tems
fuccedés dans les arteres, le fang des veines voifines continuoit à couler avec plus
de lenteur, mais dans la direction naturelle : il revenoit même avec une viteffe
affez confiderable des petits vaiffeaux du
rezeau veineux dans les troncs des veines.
Ce mouvement du fang dura dans les veines huit heures entieres, & perfiftoit encore à dix heures du foir,

Exp.

EXP. CXL. *sur deux Grenouilles.* 30 Août.

Les arteres étoient fort petites & toutes vuides, dans les veines il y avoit peu de fang, & qui couloit lentement.

EXP. CXLI. *sur une Grenouille.* 22 Sept.

Deux veines du méfentere avoient un mouvement compofé de la direction naturelle, & de celle qui lui eft oppofée. Le fang revenoit par une des veines, il paffoit dans l'autre, & defcendoit avec une direction artérielle du coté des inteftins.

EXP. CXLII. *sur une Grenouille.* 23 Sept.

L'ofcillation du fang veineux fe conferva après que le cœur eut été arraché. La veine *a b* fe partageoit pour former les branches *b c* & *b d*. Le fang du tronc retrogradoit un moment, & venoit du point *a* aux extrêmités *c* & *d*, fon propre poids le portoit de ce coté. Mais un moment après, le mouvement naturel l'emportoit, & le fang revenoit de *c* & de *d* par *b* pour couler du coté d' *a*, & pour retourner au cœur contre la force de la gravité. Il venoit encore des globules de l'une des branches *b d* & de fon extrêmité *d*, au point de partage *b* : ils paffoient dans l'au-

R 2

tre

tre branche vers *c*, contre la force de la pefanteur. De la même maniere venoit de la branche *c b* au point de divifion *b* à l'autre branche *b d*.

E x p. C X L I I I. *fur une Grenouille.* 25 Sept.

Je regardai long tems les veines & les arteres du méfentere : plufieurs petites s'y réüniffoient pour en faire une feule. Dans les branches c'étoit tantôt une direction qui prévaloit, & tantôt une autre, & le fang étoit pouffé vers des points oppofés. On voyoit encore les petites veines capillaires du calibre d'un feul globule, nés d'une veine, & qui fe rendoient dans une autre après avoir formé un rezeau. Les globules traverfoient avec viteffe ces petits vaiffeaux, même quand leur file ne fe continuoit pas, & que des intervalles les feparoient.

E x p. C X L I V. *fur une Grenouille.* 28 Sept.

Le refeau veineux étoit fort beau, & les globules le traverfoient avec beaucoup de viteffe. Les veines ne fe repoferent, à demi vuides, que long tems après, que j'eus arraché les deux grandes arteres.

Une fort petite veine paffoit devant une artere, elle ne fouffrit rien de ce paffage, & le fang la traverfa librement.

E x p.

Exp. CXLV. *fur une Grenouille*, le même jour.

Le champ du méfentere, que j'avois découvert, étoit d'une grande beauté. Il y avoit de groffes arteres, plufieurs troncs de veines, & le refeau ordinaire de veines capillaires, qui font du calibre d'un feul globule.

Je vis fort diftinctement le courant d'une grande veine repouffer celui d'une petite branche, qui devoit y apporter fes globules, & que ce courant repouffa. Voila apparemment la raifon, pourquoi les vaiffeaux capillaires ne fe rendent point dans les troncs veineux, & qu'ils forment par leur réünion de plus groffes veines, pour ramener leur fang dans les veines les plus confiderables.

Exp. CXLVI. *fur une Grenouille*. 29 Sept.

Dans cet animal & dans celui de l'exp. 230 le fang continua de balancer dans les veines 12 & 36 minutes après la deftruction des deux groffes arteres.

Je feparai une veine du méfentere, & je fis naitre une varice, tout comme j'avois appris à produire des aneurismes.

R 3   Exp.

E x p. C X L V I I. *fur un Crapaud.* 1 Octob.

Le refeau des petites veines du méfentere eft très beau dans ces animaux , & bien plus agréable que dans les grenouilles. Ce font de véritables mailles polygones.

1. Je conclus de ces expériences que le fang veineux a un peu moins de rapidité dans fon mouvement (*a*) & un peu moins de conftance (*b*), que le fang des arteres, mais qu'avec tout cela les expériences lui donnent unaninement beaucoup de viteffe (*c*), & qu'il eft même des exemples, dans lefquels il a été auffi promt, & auffi conftant (*d*), que celui des arteres.

2. Je vis encore, que le fang ne coule pas beaucoup plus lentement dans les branches, qu'il ne coule à travers les troncs veineux (*e*), & que dans le refeau capillaire même il conferve une grande viteffe, plus conftante quelques fois, que celle des gros vaiffeaux (*f*). Dans le cours ordinaire

(*a*) Exp. 116. 117. 118. 119. 120. 124. 125. 128. 132. 134.

(*b*) Exp. 72. 119. 122. 125 &c.

(*c*) Exp. 115. 120. 126.

(*d*) Exp. 123. 126. 140.

(*e*) Exp. 119. 122. 124. 125. 127. 128. 132. 138. 143. 144.

(*f*) Exp. 122. 125. 126. 152. 233.

naire des chofes, le fang va plus vite dans les troncs, que dans les branches (*g*). Mais tout ce qu'on a dit de ces ralentiffemens enormes du fang dans les arteres & dans les veines capillaires, eft entierement fabuleux, puifque la viteffe des veines d'un feul globule eft fi conftante & fi confiderable.

3. Le balancement du fang a lieu dans les veines, comme dans les arteres (*h*), & il fe termine également affez fouvent dans le retabliffement de la direction naturelle (*i*).

4. Le fang a des directions tout à fait inconftantes & differentes dans les veines, qui communiquent enfemble, & les anaftomofes paroiffent contribuér à entretenir le mouvement du fang, puifque c'eft là, qu'il fe conferve le plus long tems, après qu'il a ceffé par tout ailleurs (*k*).

5. Les veines font comme les arteres fans dilatation, & fans conftriction (*l*).

6. L'impulfion du cœur n'eft pas perceptible dans les veines (*m*).

R 4

7. Le

(*g*) Exp. 126.

(*h*) Exp. 117. 123. 124. 129. 132. 134. 137. 142. 143. 145. 224. 225. 226. 230. 234.

(*i*) Exp. 123. 129. 66. 93. 95.

(*k*) Trente & fix minutes après l'exftirpation du cœur. Exp. 230.

(*l*) Exp. 120. 132. 136.

(*m*) Exp. 122. 130. 132. 133.

7. Le mouvement du fang eft un peu plus fort le long de l'axe (*n*).

8. Il faut décider par d'autres expériences, fi les courbures des vaiffeaux retardent le fang. Il y a des expériences, qui femblent l'établir (*o*), mais il y en a d'oppofées (*p*).

9. Le refoulement du fang d'une petite veine, qui eft repouffée par le courant d'un tronc, où il ne fauroit fe décharger, explique l'utilité de l'azygos & du canal thorachique (*q*).

10. On produit des varices en privant les veines de leurs attaches cellulaires (*r*).

SECTION VII.

Expériences fur les effets de la faignée par rapport au mouvement du fang: fur l'accélération, la derivation, & la revulfion.

Exp. CXLVIII. *fur une Brebis.* 6 Mars 1751.

LE fang d'une artere du méfentere de cet animal fit un faut de fix pieds de

---

(*n*) Exp. 134. J'ai remarqué la même chofe dans d'autres expériences.
(*o*) Exp. 135. 182.
(*p*) Exp. 136.
(*q*) Exp. 137. 144.
(*r*) Exp 145. 180.

de haut : j'ouvris une seconde artere dans le voisinage de la premiere : le faut de l'une & de l'autre blessure ne fut haut que d'un pied.

EXP. CXLIX. *sur une Chienne.* 3 Juin.

Elle étoit pleine : je lui ouvris la jugulaire, elle perit par la perte de sang : mais les petits, que je tirai de sa matrice, par l'opération cesarienne, & leurs vaisseaux ombilicaux n'en furent pas moins fournis de sang.

EXP. CL. *sur une Grenouille.* 30 Août.

J'arrachai le cœur de cet animal, & le sang accourut & par les arteres & par les veines du mésentere du coté de cette énorme blessure.

EXP. CLI. *sur une Grenouille,* le même jour.

J'ouvris une veine à cet animal, & puis une artere, l'une & l'autre dans le mésentere ($\int$). Dans les deux expériences le sang se porta avec rapidité du coté de la blessure, il y vint même contre la circu-

R 5   lation

($\int$) M. REMU s rapporte sept expériences semblables à celle-ci. p. 59. 60. 61.

lation & en revenant fur fes pas, & fe précipita dans la bleſſure. Il paroit par là, qu'il y a une dérivation, & que le fang fe jette dans les vaiſſeaux, qui communiquent avec la veine ouverte ⁘ il paroit encore, qu'il y a une revulſion, du moins par rapport au cœur, & que ce viſçere opprimé par le fang peut s'en décharger par une ſaignée. Le fang ramaſſé, & qui paroit coagulé comme une huile, fe diſſout d'ailleurs par une ſaignée, les globules reprennent leur figure, & leur mobilité naturelle, & fe portent avec vivacité du coté de la bleſſure.

Exp. CLII. *fur une Grenouille.* 5 Mai.

J'ouvris deux fois une veine du méſentere : le fang fortit àvec une viteſſe extrème de la bleſſure, ſemblable à un torrent, dont la rapidité s'apaiſe peu à peu. Le fang accourt à la veine bleſſée & felon la direction naturelle du fang, & contre cette direction.

Exp. CLIII. *fur une Grenouille.* 3 Sept.

Je vérifiai fur ce feul animal, fept fois de fuite mon expérience. J'avois meſuré des yeux la grande viteſſe du fang veineux avant la ſaignée : mais j'ai toujours trouvé, & dans cette expérience, & dans toutes

tes les autres, que la faignée augmente cette vitefſe, quelque grande qu'elle ait été auparavant. Le ſang ſe jette vers la blefſure également du voiſinage du cœur, & des veines voiſines, qui communiquent avec la veine blefſée. Ces deux colonnes de ſang oppoſées, ſe heurtent à l'entrée de la blefſure, & ſe repouſſent alternativement. Mais après un tems aſſez court, la blefſure ſe referme, & le ſang reprend ſon mouvement naturel, par la veine, qui ſe trouve parfaitement conſolidée.

J'ouvris auſſi une artere : le ſang ſe précipita dans l'ouverture, & du coté du cœur, & en y revenant du coté des inteſtins : ce mouvement fut plus rapide encore, que celui des veines. Mais dans les arteres mêmes le torrent s'arrêta, quelque tems après, & le ſang reprit ſon mouvement naturel par l'artere, qui avoit été ouverte, & qui ſe trouva entierement conſolidée.

J'admirai & la vitefſe avec laquelle le ſang ſort par les blefſures des vaiſſeaux, & la conſtance de l'animal, dont le ſang conſervoit ſon mouvement naturel dans le reſeau veineux du méſentere, malgré ſept ſaignées conſecutives.

Le ſang, qui eſt ſorti de la veine par une blefſure ſe repand & ſe ſepare, entre les membranes du méſentere.

Exp.

Exp. CLIV. *sur une Grenouille.* 14 Sept.

J'ouvris une veine du méfentere : le fang y accourut auffitôt par toutes les veines, qui communiquoient avec la veine bleffée, & avec toutes les directions qui pouvoient l'y mener. Deux colonnes de fang oppofées viennent fe joindre dans la bleffure, elles en fortent avec rapidité, & fe difperfent en formant des ondes, affez femblables à des nuées, entre les lames du méfentere. L'une de ces colonnes arrive du coté du cœur, & l'autre de celui des inteftins.

Pendant que le fang fortoit encore par l'ouverture de la veine, il me parut, que le mouvement du fang arteriel perdoit de fa viteffe.

Bientôt après il ceffa de couler : fon mouvement s'étoit ralenti dans l'ouverture même, les globules en fortoient mollement, & peu après il n'en fortit plus. La veine s'étant fermée, la colonne du fang, qui revenoit du cœur, & qui fortoit par la playe, ceda à la colonne, qui fuivoit la direction naturelle en revenant du coté des inteftins, & celle-ci retablit fon mouvement dans la veine.

Ayant encore faigné cet animal, le fang ne vint à la bleffure, que fuivant la direction naturelle : du coté du cœur le tronc veineux étoit déja vuide.

E x p.

EXP. CLIV. * *fur une Grenouille,* le même jour.

Je vérifiai trois fois la même expérience, & toujours avec le même fuccès. Le fang fe porta conftamment vers la bleffure avec une rapidité étonnante ; il y vint du voifinage du cœur, il y vint de celui des inteftins, il me parut même, que la colonne retrograde avoit plus de viteffe, que la colonne, qui revenoit naturellement vers le cœur. Le fang fort de la veine en faifant un tourbillon : les deux courans oppofés fe refiftent, & fouvent la colonne retrograde furmonte la colonne directe. Il nait de ce combat une ligne droite, qui fepare les deux colonnes, & qui mene droit dans la playe. La bleffure fe ferme peu à peu : un brouillard de floccons rouges nait autour de l'ouverture : il eft plus pale dans la circonference, & d'un rouge plus foncé dans le centre (*t*). Le fang reprend fon mouvement naturel, & revient dans le cœur par la veine, qui avoit été ouverte : quelques fois auffi fon mouvement eft dérangé, & il retombe vers les inteftins. Je fis trois fois cette expérience fur mon animal.

Lors même, que le fang eft fans mouvement dans la veine, il y nait une viteffe

____

(*t*) M. REMUS décrit ce brouillard p. 60. 61.

teffe extreme par la faignée, & dans la veine, qu'on a ouverte, & dans toutes les
branches voifines.

J'ouvris une artere, le fang revint des
inteftins vers la bleffure. Quand il n'y
eut plus que peu de globules rouges
dans la cavité prefque vuide des arteres,
ces globules ne laifferent pas, même contre la direction naturelle, d'accourir dans
la playe.

EXP. CLV. *fur une Grenouille.* 15 Sept.

Je vérifiai les mèmes eépériences avec
le mème fuccès. Le fang étoit immobile
dans la veine, mais après l'incifion il fortit par la bleffure avec plus de viteffe,
que dans l'animal en fanté. Il fe porte
dans la playe par deux torrens oppofés,
qui fe repouffent l'un l'autre, & fe jettent fouvent également dans la bleffure:
d'autres fois l'un des deux remporte la
victoire, & fait reculer l'autre au delà de
la bleffure, en l'empêchant de s'y faire un
chemin. J'ai vû encore cette fois le brouillard favorable, qui ferme les bleffures des
vaiffeaux, & qui en arrète le fang. La
même chofe arrive à peu près dans les
arteres. Lè fang fe jette avec violence du
coté de la playe, il y accourt même contre la direction naturelle du fang avec une
viteffe étonnante. Mais cette rapidité fe

ralen-

ralentit, comme dans les veines, les bleſſures des arteres ſe ferment, & la direction naturelle du ſang y reprend le deſſus.

Le ſang étoit arrêté dans les veines,
quand j'en ouvris une. Le mouvement
du ſang fut rappellé par cette ſaignée, les
globules amaſſés, & qui paroiſſoient former un coagulum, ſe ſeparerent, & repri-
rent leur forme naturelle. Des amas de
ſix, de huit, de dix globules ſe détachoient
à la ſois, s'approchoient de l'ouverture de
la veine, & en ſortoient.

Exp. CLVI. *ſur une Grenouille.* 20 Sept.

J'ouvris pluſieurs fois une artere & une
veine à ce petit animal. L'artere ouverte a donné du ſang, du coté qui regar-
de le cœur : pour la partie inférieure à
l'ouverture, le ſang s'y arrêta ſans mouvement, & rien ne vint de ce coté là dans
la playe. Peu à peu l'ouverture ſe ferma,
mais la circulation du ſang ne ſe retablit
pas dans cette artere.

J'ouvris, & plus d'une fois, une veine.
Dans toutes les expériences le ſang s'eſt
porté & du coté du cœur, & des petites
branches de la veine, à la bleſſure, avec
une viteſſe conſiderable, & avec des courans contraires : toutes les veines voiſines
y ont fourni leur ſang. Cette bleſſure s'eſt
fermée à la fin comme de coutume.

Une

Une autre faignée a reffufcité le mouvement languiffant du fang. Ce mouvement a commencé de ceffer dans la partie de la veine la plus voifine du cœur.

Il y avoit dans la veine une grande playe
en forme de demi lune, & il n'y reftoit
d'entier qu'un petit fentier, placé au deffus
de cette bleffure, & qui n'égaloit qu'une
petite partie de la lumiere entiere de la veine. Quand le courant du fang eut ceffé de
fe repandre par la playe, la circulation fe
fit par ce petit fentier, fans que rien ne s'é-
coulat par la grande playe.

J'ai voulu diftinguer, fi le fang prendroit
une nouvelle viteffe dans les arteres, pendant que le fang s'écoule par la veine. Il
m'a paru, que cette viteffe diminuoit plus
qu'elle n'augmentoit.

EXP. CLVII. *fur une Grenouille.* 21 Sept.

Le fang va à la playe par toutes les veines, qui ont de la communication avec la
veine bleffée. La colonne, qui revient du
voifinage du cœur, heurte celle, qui arrive du coté des inteftins, & la premiere furmonte & repouffe prefque toujours l'autre,
parce qu'elle a plus de maffe, & autant de
viteffe pour le moins. Peu à peu le fang fe
tranquillife, & il fe forme un brouillard autour de l'ouverture de la veine.

EXP.

Exp. CLVIII. *sur une autre Grenouille.* 21 Sept.

M. Sproegel avoit fait avaler dix grains d'opium à cette grenouille. Le sang s'étoit arrêté dans les veines du méfentere, quand j'en piquai une. Le mouvement y revint, & le fang fe hâta de fe jetter dans la piquure, & du coté du cœur, & du coté des inteftins, il y arriva de toutes les veines, qui communiquoient avec la veine bleffée, & fa viteffe étoit furprenante.

Exp. CLIX. *fur une Grenouille.* 29 Sept.

Le cœur ne battoit plus, & le fang étoit immobile dans les vaiffeaux du méfentere, quand j'ouvris une veine. Le fang fortit avec viteffe par cette faignée, & il y vint & du coté du cœur, & du coté des inteftins, mais plus long tems du coté du cœur. La viteffe du fang revint dans toutes les veines, qui communiquoient avec la veine ouverte.

Exp. CLX. *fur une Grenouille.* 29 Sept.

Le fang avoit perdu le mouvement dans les veines du méfentere, quand j'ouvris la veine. Un mouvement extrêmement ra

S   pide

pide revint & dans la veine ouverte, & dans deux veines, qui communiquoient avec elle. Je vis mieux qu'auparavant la maniere dont la bleſſure ſe ferme : un amas de globules rouges la boucha, & s'arrêta dans la fente, que j'y avois faite avec la lancette.

Exp. CLXI. *ſur une Grenouille.* 10 Août 1 7 5 2.

J'ai refait l'expérience précedente avec le même ſuccès.

Exp. CLXII. *ſur deux Grenouilles.* 16 Août.

Ce fut encore le même événement. Le ſang avoit déja renverſé ſa direction dans une veine, quand je l'ouvris. Il ſe jetta dans l'ouverture & ſuivant cette direction, & ſuivant la direction naturelle ; & la viteſſe du ſang ſe retablit & dans la veine piquée, & dans toutes celles qui communiquoient avec elle. Je ne réuſſis pas à diſtinguer, ſi la viteſſe du ſang croit alors dans les arteres voiſines.

Exp. CLXIII. *ſur deux Grenouilles.* 23 Août.

L'ouverture d'une veine accélera de beaucoup le mouvement du ſang veineux. Le ſang de l'artere, qui l'accompagnoit, étoit

ſans

fans mouvement, cette faignée le remit en marche.

Une autre fois, le fang arteriel étant confiderablement ralenti, & l'accélération s'y faifant appercevoir toutes les fois que le cœur battoit, j'ouvris une veine, & il me parut, que le mouvement du fang en fut accéleré dans l'artere voifine. Un brouillard rouge ferma à l'ordinaire la blef-fure de la veine.

Une heure s'étant paffée en expérien-ces, & le fang n'ayant plus de mouvement ni dans les arteres, ni dans les veines, j'ouvris encore une veine, & le mouve-ment recommença & dans les veines, & dans les arteres, avec une viteffe affez con-fiderable. Une heure de plus finit le fpec-tacle, le méfentere s'étant entierement def-feché.

Exp. CLXIV. *fur quatre Grenouilles.* 14 Mai 1754.

Je piquai une groffe veine, le mouve-ment du fang en fut accéleré & dans les veines, & dans les arteres; & le fang fe háta de fe rendre à l'ouverture du vaiffeau, & felon l'ordre de la circulation, & dans la direction oppofée.

Exp. CLXV. *fur une Grenouille.* 20 Mai.

Le fang couloit avec affez de viteffe dans

 une

une veine, quand je l'ouvris. Le fang fe
précipita par la playe fi copieufement, que
tous les vaiffeaux étant vuides fe deffeche-
rent, & que la playe ne fe ferma pas.

Exp. CLXVI. *fur une Grenouille.* **31 Mai.**

J'avois bleffé par hazard le méfentere,
& le fang couloit d'une veine déchirée.
Auffitôt tout le fang des veines du méfentere revint fur fes pas, & fe hâta de fe
rendre dans la bleffure, avec une viteffe
inégale, mais furement, pendant plufieurs
momens, avec une viteffe plus grande,
que n'eft celle du fang arteriel.

J'ouvris enfuite une veine avec la lancette : un courant de fang très rapide vint
dans cette piquure, non pas à la vérité
fuivant la direction naturelle, mais dans
celle qui lui étoit oppofée : car au deffous
de la nouvelle ouverture le fang s'arrèta
fans mouvement entr'elle & entre le dé-
chirement, dont j'ai parlé. Mais bientôt
le fang revint dans la direction légitime,
quoiqu'avec lenteur, & peu d'abondance.
La bleffure fe ferma fans laiffer de marque,
& le mouvement du fang fe foutint avec
beaucoup de viteffe, après que cette bleffure fut guerie.

Une artere ne contenoit plus que peu
de globules. Je l'ouvris. Le fang aquit
une nouvelle viteffe, plus grande que la
viteffe

viteffe naturelle du fang arteriel. Cette expérience fut un peu négligée pour une af-
faire, qui m'appella ailleurs.

Exp. CLXVII. *fur deux Grenouilles.*
5 Juin.

Le fang n'avoit plus de mouvement dans
une veine, quand je la piquai. Bientôt
le fang de la veine fe jetta dans la playe,
en y arrivant & du coté du cœur, & de
celui des inteftins, avec une rapidité qui
furpaffoit celle des arteres. Le fang d'une
veine voifine accouroit à la piquure par
une anaftomofe, contre la direction naturelle, & contre la faveur des angles. Les
globules fortoient, à leur ordinaire, avec
beaucoup de précipitation de l'ouverture
de la veine.

La bleffure fe ferme après que le fang
a ceffé d'en couler, par un caillot rouge,
qui ferme la fente, & qu'un brouillard
plus pale environne.

Exp. CLVIII. *fur une Grenouille.* 6 Juin.

J'avois lié l'aorte ; la faignée n'en exci-
ta pas moins un mouvement rapide dans
la veine piquée, & dans celles qui y communiquoient.

S 3   Exp.

Exp. CLIX. *ſur une Grenouille.* 7 Juin.

J'ouvris encore une fois une veine, & je vis la grande viteſſe, que la ſaignée donne au ſang veineux : elle le fait accourir & du coté du cœur, & du coté des inteſtins ; & la viteſſe, qu'elle fait naitre, ſe fait voir & dans la veine ouverte, & dans toutes les veines, qui ont de la communication avec elle.

Je liai alors l'aorte près du cœur, & j'ouvris une autre veine toute remplie de ſang. Cette liqueur vitale arriva avec une viteſſe égale, & par la direction naturelle, & dans la direction oppoſée : elle y vint par toutes les veines, qui avoient de la liaiſon avec la veine piquée.

Exp. CLXX. *ſur deux Grenouilles.* 18 Juin.

Le ſang étoit immobile dans une veine, quand je l'ouvris. J'y fis naitre deux mouvemens contraires, dont la rapidité diminua peu à peu : le courant, qui revient de la partie la plus proche du cœur, conſerva ſa viteſſe plus long tems que l'autre. La bleſſure étant fermée, je vis un tubercule, d'une ſubſtance aſſez ſemblable a la veine, à ce qu'il paroiſſoit, s'attacher autour de la bleſſure, & dans la fente même un caillot rouge ſe plaça, & la remplit entierement.   L'ar-

L'artériotomie excite un courant de fang extrèmement rapide, qui mene le fang à la playe : elle me réuffit aujourdhui, quoiqu'affez difficile dans les animaux de cette efpece, dont les arteres font fort petites, & avec tout cela fort épaiffes. Le torrent de fang s'arrèta affez vite, vû fa rapidité.

La ligature d'une artere n'empêche pas, que la veine fa compagne ne fourniffe du fang, quand on l'a ouverte.

E x p. CLXXI. *fur une Grenouille.* 26 Juin.

Je ne vis rien de nouveau. J'avois piqué une veine, & je vis le courant rapide, qui fe précipite dans la bleffure, & qui y mene le fang de la veine même, & de toutes les veines qui communiquent avec elle. La colonne, qui revient du cœur dans une direction oppofée au courant naturel du fang, eft ordinairement la plus durable, la plus rapide & la plus copieufe. Je vis encore les torrens oppofés, fe choquer à l'endroit de la bleffure : je vis le fang s'arrêter peu à peu, & un brouillard environner la bleffure, & la fermer.

E x p. CLXXII. *fur une Grenouille.*
28 Juin.

Je fis l'artériotomie à cet animal. Le

fang

sang étoit sans mouvement dans une voisine, pendant qu'il couloit avec rapidité
de la playe de l'artere. Peu à peu ce torrent de sang arteriel se ralentit, & une
file de globules n'y arriva plus qu'un à
un. Mais une nouvelle vitesse reparut dans
cette artere, & des ondes entieres arrive-
rent du cœur à la blessure, avec beaucoup
de vitesse. Le sang ayant presqu'entierement abandonné l'artere, le reste perdit
le mouvement.

Exp. CLXXIII. *sur une grosse Grenouille,* 3 Juillet.

L'artériotomie réussit. Un aneurisme
vrai & ovale se forma dans l'artere : le
sang ne laissa pas que de couler dans l'artere avec assez de vitesse, pendant qu'il
étoit immobile dans la veine sa compagne.
Ce fut alors que j'ouvris l'artere, dans
l'aneurisme même. Le sang sortit fort long
tems de cette blessure, il y venoit, comme il est naturel, du cœur, il y venoit
encore du coté de l'intestin. Cette derniere colonne étoit la plus foible, elle se
jetta pendant quelque tems dans la playe,
puis elle se balança avec la colonne, qui
venoit du cœur, à laquelle elle fut for-
cée de ceder. Cette derniere colonne se
partagea pendant quelques momens, une
partie en passoit dans la blessure, & sortoit
de

de l'artere, & l'autre continua son chemin par l'artere. La blessure se ferma bientôt après, & le mouvement du sang se trouva retabli. J'ouvris successivement quatre fois l'artere, & le succès en fut toujours le même.

Comme le sang arrivoit du cœur avec plus de lenteur, & qu'on appercevoit les secousses alternatives, qui proviennent de sa contraction, j'ouvris la veine compagne de l'artere, dont j'observois le sang. Je vis la vitesse renaitre dans cette artere, & les secousses ne furent plus perceptibles. Je repetai deux fois cette expérience.

Dans les arteres, il est difficile de connoitre la maniere dont leurs blessures se ferment, parcequ'elles se font du coté du mésentere, qui est le plus éloigné de la loupe, & qui en est separé par toute l'épaisseur, assez considerable, des membranes de l'artere.

Le sang ayant perdu son mouvement dans les veines j'en ouvris une, & son courant se retablit: une vitesse nouvelle parut & dans cette veine, & dans toutes ses branches, & dans les veines voisines, qui communiquent avec celle, que la lancette a ouverte.

Exp. CLXXIV. *sur une Grenouille.* 5 Juill.

J'ouvris la veine avec les ciseaux ; cet-

te

te ouverture étant beaucoup plus vafte, que celle que fait la lancette, le fang fortit de la veine avec de grands tourbillons, & une viteffe furprenante ; il y venoit & du coté des inteftins & de celui du cœur, mais la viteffe de cette derniere colonne étoit la plus grande. Dans les arteres voifines le fang conferva fa viteffe, elle étoit moins grande cependant, que ce torrent de fang, qui fort de la veine bleffée, & qui vient du coté du cœur. Malgré fa viteffe le fang, qui fortoit de la veine ouverte ne laiffa pas de fe ralentir, & la veine, que j'avois ouverte fe ferma, & le fang rentra dans l'ordre naturel : le calibre de la veine étoit retreci.

EXP. CLXXV. *fur une Grenouille*, le même jour.

J'ouvris une artere & j'y fis une playe affez vafte. L'hémorrhagie fut fort grande : mais la partie de l'artere la plus voifine des inteftins ceffa la premiere de fournir du fang, quoiqu'il y en eut beaucoup : ce fait eft rare. La colonne la plus voifine du cœur fe ralentit enfuite, & s'arrêta à la fin tout à fait. Avant que de devenir immobile, des fecouffes vifibles l'accéleroient, & une nuée de globules fortoit de la bleffure. On peut faire renaitre l'hémorrhagie, en détachant de l'artere le caillot

lot & le brouillard , qui en ferme la playe.
A la fin le fang s'arrèta tout à fait. Pendant qu'il fortoit de l'artere , il couloit a-
vec viteffe par les veines voifines.

Exp. CLXXVI. *fur quelques Grenouilles.*
11 Juillet.

Plufieurs de ces animaux n'avoient que
fort peu de fang dans les veines , fes globules y rampoient lentement , & la faignée
même n'en faifoit fortir , qu'un petit nombre. Dans d'autres grenouilles plus ple-
thoriques , l'artere piquée fournit du fang,
qui s'y jetta & du coté du cœur , & du
coté oppofé. A la fin l'un & l'autre torrent s'appaifa , une nuée environna la playe,
& des ondes de brouillard fe formerent
par couches en forme de tubercule : les
couches les plus extérieures étoient les plus
pales. Une artere , que je déchirai , forma un cul de fac arrondi.

Exp. CLXXVII. *fur une Grenouille,*
le même jour.

Je déchirai une veine , il n'en fortit point
de fang : elle fe changea en cul de fac arrondi , rempli de globules rouges. Je fis
enfuite une faignée ; la piquure , que j'a-
vois faite fort petite , fe ferma bientôt , &
le mouvement du fang fe retablit fi bien
dans

dans cette veine, qu'elle ne paroiſſoit pas avoir ſouffert.

Je fis enſuite une grande ouverture à la même veine : elle ſe ferma pourtant, après que le ſang en fut ſorti avec abondance & avec viteſſe, ſelon toutes les directions imaginables, & ſous les angles les plus aigus & les plus contraires, en apparence, au mouvement du ſang. Je vis mieux que de coutume le caillot rouge, qui ferme la fente de la veine, & qu'environne un ſang plus pale.

A la fin de cette expérience, je coupai toute la veine : le ſang en ſortit copieuſement.

Exp. CLXXVIII. *ſur une Grenouille.*
19 Juillet.

Je réïterai pluſieurs fois de ſuite la ſaignée avec le même ſuccès. Le ſang qui étoit immobile dans la veine, reprit du mouvement, & forma deux courans oppoſés, dont l'un arrivoit du coté du cœur, & l'autre du coté des inteſtins, & qui ſe précipiterent par la playe. Peu à peu le ſang ſe ralentit, & la bleſſure ſe ferma. Je vis le caillot rouge, remplir la fente de la veine, & même avancer un peu au delà de la fente.

Une autre fois je réuſſis à voir l'effet de la ſaignée ſur le ſang arteriel, qui a-
voit

voit perdu le mouvement. Il étoit immobile dans les arteres, lorsque j'ouvris une veine voisine; le sang n'en coula pas long tems, sans que le sang des arteres se remit en mouvement.

Une autre fois j'ouvris la même veine en deux endroits. L'incision supérieure retarda un peu le courant du sang, qui passoit par l'ouverture inférieure, mais sans le supprimer tout à fait. J'avois fait cette expérience pour éclaircir le pouvoir de la saignée, par rapport à la suppression des hémorrhagies.

Exp. CLXXIX. *sur une Grenouille*, le même jour.

Ce furent à peu près les mêmes phénomenes. La saignée accélera le mouvement du sang arteriel. La piquure de la veine se ferma, mais la fente en demeura visible, & un filet de globules rouges la tint bouchée. Quand cette fente fut remplie de son caillot, la circulation ordinaire recommença à se faire dans les veines. Je vis aussi, que cette saignée accéleroit le mouvement des globules solitaires du reseau veineux capillaire.

Je déchirai une veine avec la pincette. L'extrêmité supérieure, qui tenoit au cœur, & qui fournit le plus de sang dans la saignée, n'en donna point aujourd'hui, elle

forma

forma un cul de fac conique rempli de globules rouges. L'extrêmité inférieure, attenante aux inteftins, donna du fang, comme dans les faignées.

EXP. CLXXX. *fur une Grenouille.* 24 Juillet.

Je bleffai une artere ; il en fuivit une hémorrhagie énorme, d'un fang épais & coagulable, qui fe jetta dans la bleffure, & en fuivant la direction naturelle & contre cette direction, en revenant du coté le plus voifin des inteftins. Ce fang forma deux courans contraires, qui fe choquerent à l'entrée de la bleffure. Les globules fortis de l'artere s'écarterent les uns des autres. Il naquit enfuite un brouillard rouge, qui fe débrouilla peu à peu : le centre conferva une rougeur foncée, & la péripherie devint pale. L'écoulement du fang arteriel par la bleffure perdit en mème tems de fa rapidité, & bientôt il s'arrèta tout à fait : & la circulation fe retablit dans l'artere de la maniere que je vais dire. L'artere fe dilata à l'endroit de la bleffure, elle forma un aneurifme prefque deux fois plus large, que le diametre naturel de l'artere. Cet aneurifme étoit rempli d'un brouillard blanchatre, femblable à celui, qui fe forme au dehors des bleffures des vaiffeaux : & ce brouillard étoit

toit traversé de deux, & puis de trois ou quatre filets de sang rouge, qui se faisoient jour à travers le brouillard, & qui retablirent peu à peu en entier le courant du sang à travers l'artere.

Je remarquai de même dans les veines, & aujourdhui, & plusieurs autres fois encore, qu'un brouillard blanc occupe une partie de la cavité de la veine, qui vient d'être piquée, & que les globules se font jour à travers le coagulum blanchatre & transparent, & retablissent ensuite la circulation de la veine. Je remarquai aussi, que dans ces occasions le sang ne revient presque jamais à plein fil par la veine, dont la blessure s'est fermée, & que la lumiere, que traverse le sang, est plus étroite, lors même que la circulation est retablie. Il faut donc, qu'il se soit arrêté dans l'intérieur des arteres & des veines, une liqueur blanche & gelatineuse. Cette même liqueur se coagule autour de la surface extérieure du vaisseau blessé, comme je l'ai souvent dit, & on fait revenir l'hémorrhagie, quand on enleve du doigt, ou bien avec le pinceau, cette espece de brouillard. J'ai vérifié cette derniere expérience jusqu'à trois fois dans la même grenouille, & dans la même artere de cet animal, & le succès en a toujours été le même.

Quand le sang de cette artere fut arrêté, je la piquai au dessus de la premie-

re bleffure. Le fang fe remit en mouvê-
ment·uniquement du coté du cœur, & non
pas du coté des inteftins. Une nouvelle viteffe étant née dans le fang, le courant
du cœur pouffa devant lui les globules immobiles, leur rendit le mouvement, leur
fit parcourir l'intervalle des deux bleffures,
& les pouffa au delà de la nouvelle piquure. Il eft vrai, que ce mouvement renou-
vellé ne dura pas long tems.

Je piquai enfuite, & le plus vite que
je pus, une veine dans le voifinage. Le
fang fortit en même tems de la veine &
de la bleffure fupérieure de l'artere : avec
beaucoup de rapidité à l'un & à l'autre endroit, mais le fang veineux coula plus vite encore, que le fang arteriel. Il y avoit
deux courans contraires dans la veine, &
celui qui venoit du cœur, ceffa le premier de couler. J'enlevai le brouillard formé autour de la veine, avec un morceau
de linge, & l'hémorrhagie, qui étoit finie, revint encore.

Après la bleffure d'une artere ou d'une
veine, la fente fubfifte, elle ne fe refferre
ni ne fe dilate, & refte capillaire quand
elle eft faite avec un inftrument bien fin.

Exp. CLXXXI. *fur deux Grenouilles*, le meme jour.

Je déchirai une veine, elle donna du
fang, tout comme les veines bleffées.

Je

Je crus voir, que le mouvement du fang arteriel eft effectivement accéleré par l'ouverture d'une veine voifine. Mais l'expérience d'aujourd'hui ne fut pas bien convaincante.

Exp. CLXXXII. *fur une Grenouille*, 25 Juillet.

Une artere étant vuide, j'ouvris la veine qui l'accompagnoit. La partie de la veine la plus voifine du cœur donna du fang, & il n'en vint point de la partie, qui tenoit aux inteftins. La colonne, qui venoit du cœur, ceffa à la fin de couler elle même, un brouillard blanchatre environna la playe, & un noyau rouge ferma la fente de l'artere.

J'obfervai avec attention, ce qui fe pafferoit dans l'artere vuide, dont j'avois ouvert la veine voifine. Au commencement, des globules vinrent en petit nombre, & defcendoient par cette artere, leur nombre s'augmenta peu à peu, & à la fin l'artere, qui avoit été fans couleur, grele & pale, fe trouva groffe, rouge & remplie d'un fang, qui la traverfoit avec viteffe. Je vérifiai deux fois cette expérience aujourd'hui, avec le même fuccès.

Je déchirai enfuite une veine. Il n'en fortit point de fang du coté le plus voifin du cœur. Je fis un pli à l'autre bout,

T

qui

qui se rendoit aux intestins : ce bout se gonfla, le sang s'y jetta & le remplit, sans en sortir, il en revint plûtot comme repoussé par le pli, dont le pouvoir paroit confirmé par cette expérience.

Exp. CLXXXIII. *sur une Grenouille,* le même jour.

Je comparai pendant un tems considerable, le mouvement rapide du sang artériel & le mouvement plus doux de la veine voisine. Bientôt après le sang perdit tout à fait le mouvement & dans l'artere & dans la veine, & il ne resta dans l'artere, qu'un petit nombre de globules éparpillés. Je saisis l'occasion, & j'ouvris la veine compagne de l'artere. Le sang en sortit avec beaucoup de rapidité : un brouillard blanchatre en arrêta à la fin le cours. Le sang artériel reprit peu à peu du mouvement, pendant que celui de la veine couloit, il descendit dans l'artere, & bientôt il la remplit entierement, en dilata la lumiere & la traversa avec beaucoup de vitesse.

Je déchirai une veine, le bout, qui tenoit au cœur, fournit beaucoup de sang. Je coupai en travers une grosse veine : la partie, qui regardoit l'intestin ne donna point de sang, mais il en coula de la partie la plus voisine du cœur.

Je

Je déchirai l'artere pour favoir, fi les phénomenes differeroient de ceux d'une artere piquée. La partie de l'artere la plus voifine de l'inteftin ne donna pas de fang, mais il en vint beaucoup du coté du cœur, & il en fortit tantôt en plein fil, & tantôt avec un courant retreci & conique. La raifon de cette figure me parut ètre dans le coagulum d'une matiere invifible, qui occupoit une partie de la cavité de l'artere déchirée, & dont la quantité augmentoit vers l'extrêmité de l'artere. Cette augmentation faifoit le retreciffement de la colonne de fang, qui traverfoit ce coagulum. Ce qui me confirma dans mon idée, c'eft qu'ayant effuyé l'artere, le torrent du fang reprit fa figure cilindrique, & fon diametre uniforme. L'hémorrhagie finit ici, comme elle finit toujours, par un brouillard blanchatre, qui environne le vaiffeau, & dont le centre eft rempli d'un noyau rouge.

C'eft cette même grenouille, dans laquelle les deux colonnes de fang, qui aboutiffoient à la bleffure, étoient de deux couleurs differentes: celle du cœur étoit d'un beau pourpre, & celle des inteftins d'un jaune affez pale.

Exp. CLXXXIV. *fur une Grenouille.*
26 Juillet.

J'ouvris une veine, & j'obfervai les fui-

tes ordinaires de cette ouverture. Je bleffai cette veine en trois endroits differens;
je la coupai à la fin en travers, la bleffure ne laiſſa pas de ſe fermer après une
grande perte de ſang. Le bout de la vei-
-ne, qui tenoit au cœur, donna beaucoup
plus de ſang, quoique dans une direction
oppoſée au cours légitime de cette liqueur:
& le bout, qui tenoit aux inteſtins, & dont le
ſang ſuivoit la direction naturelle, en donna moins, & ceſſa le premier d'en fournir.

L'artere compagne de la veine piquée
étant vuide au commencement de la ſaignée, elle ſe remplit peu à peu du ſang
qui y revint, & le courant s'y retablit
avec ſa viteſſe accoutumée.

L'animal étant fort affoibli, je le ſaignai
encore, mais il ne vint point de ſang, &
le mouvement du ſang arteriel ne ſe retablit plus.

Exp. CLXXXV. *ſur une Grenouille,*
le même jour.

J'ouvris trois fois une veine à cet animal, elle ſe ferma toutes les fois, & la
circulation s'y retablit, ſans qu'il y reſtat
le moindre dérangement.

Le mouvement du ſang dans l'artere
compagne de la veine, que j'ouvris, ne
ſe retablit point: elle étoit preſque vuide. Mais bientôt il revint de lui même,
&

& fans le fecours de la faignée, & le fang & le mouvement rapide des arteres fe retablit. Il faut donc être fur fes gardes pour bien vérifier l'influence de la faignée fur le mouvement des arteres,

Exp. CLXXXVI. *fur une Grenouille.*
27 Juillet.

Il n'y avoit prefque plus de fang dans l'artere : j'ouvris une veine, des globules commencerent comme à tomber goute à goute dans l'artere compagne, & peu à peu la quantité & la viteffe naturelle y revint, pendant que le fang couloit de la veine ouverte. Mais ce phénomene ne me parut pas conftant : j'eus beau ouvrir la veine, & en tirer une quantité confiderable de fang, celui des arteres ne reprit pas le mouvement qu'il avoit perdu.

J'obfervai encore une fois, après que le fang eut ceffé de couler par la bleffure de la veine, & après que cette piquure fut guerie, fi le mouvement, retabli dans la veine, y feroit ou plus lent, ou plus rapide. Je ne trouvai ni l'un ni l'autre, & les globules m'y parurent couler d'une maniere douce & uniforme.

Exp. CLXXXVII. *fur une Grenouille,*
30 Juillet.

Ce petit animal étoit des plus robuftes

de son espece : je lui ouvris une artere, que le sang traversoit avec rapidité. Mais quelque grande qu'en fut la vitesse, elle augmenta de beaucoup, quand j'eus ouvert l'artere, le torrent qui en sortit alla plus vite, que les yeux ne pouvoient suivre. Du côté des intestins même, le sang revint contre la direction naturelle, avec une vitesse, qui ne cedoit pas à celle, avec laquelle le sang y venoit du côté du cœur.

Après quelques minutes ce torrent se ralentit, un brouillard environna la blessure, le sang cessa de retrograder du coté des intestins, la piquure se ferma, & il ne resta plus, que le courant naturel, qui venoit du cœur, & qui traversoit l'artere.

Il y avoit un aneurisme dans l'artere de cet animal, & le sang y étoit arrêté. Quand le mouvement de l'artere se fut ralenti, & commença à s'opposer à la nouvelle onde, qui arrivoit du cœur, je me hâtai de piquer la veine, compagne de l'artere. Le sang sortit pendant quelques minutes de la veine, & dans ce tems même le sang de l'artere, & de l'aneurisme, se remit en mouvement, & traversa l'un & l'autre, avec un courant à la vérité plus étroit, que dans l'ordre de la nature. Bientôt après la veine se ferma, le mouvement du sang cessa dans l'artere, & il n'y eut plus qu'un petit nombre de globules, qui même avoient chan-

changé de direction, & qui retournerent du coté du cœur.

Il y avoit une autre veine, pareillement compagne de l'artere. Je l'ouvris auffi, & il en fortit beaucoup de fang. Pendant qu'il couloit, le fang recommença à tra-verfer l'aneurifme, & l'artere, avec une viteffe renouvellée. Mais l'animal ne put pas refifter à toutes ces pertes de fang. Les veines & l'artere fe trouverent épui-fées, & le fang ne coula plus, même par une nouvelle bleffure, que je fis à la vei-ne. Il paroit par cette expérience, qu'on peut épuifer les vaiffeaux, & que leur ca-vité demeure vuide, fans que les parois fe refferrent 'à proportion de la perte du fang.

Exp. CLXXXVIII. *fur une Grenouille.* 6 Août.

Je réuffis à voir aujourdhui, ce que je cherchois. J'avois découvert plufieurs vei-nes, & une artere du méfentere, dont le fang couloit lentement : je me hâtai de piquer la veine fa compagne. Comme j'a-vois beaucoup de vaiffeaux fous la vue, je vis mieux, que jamais, la rapidité nou-velle, avec laquelle le fang accourut de toutes ces veines vers l'ouverture: la co-lonne, qui revenoit du cœur, fut plus ra-pide. Le mouvement du fang de trois ou

 qua-

quatre groffes veines fe renverfa entierement, pour que le fang put fe rendre dans
l'ouverture. Aprés quelques minutes tout
fe tranquillifa, dans les veines, & le mouvement n'étoit pas encore retabli dans
l'artere.

J'y avois fait naitre un aneurifme, de
la maniere, que j'ai expofée dans la IV
Section. Je coupai l'artere en travers fous
la partie la plus inférieure de l'aneurifme,
rien n'en fortit, & tout l'aneurifme refta
rempli de fang, fans fe dilater en aucune
maniere.

J'arrachai le tronc de l'artere : il forma une efpece de cone, & il n'en fortit
point de fang.

Exp. CLXXXIX. *fur une Grenouille, le même jour.*

L'expérience réuffit bien. L'artere étoit
prefque vuide, à peine y avoit il quelques
globules folitaires, qui la traverfoient à la
file, éloignés les uns des autres. J'ouvris
alors la veine, & le fang en fortit avec
promtitude. Pendant qu'il couloit, le fang
de l'artere reprit fon mouvement, & traverfa avec beaucoup de viteffe & l'artere
& fes deux aneurifmes.

Je découvris une feconde fois une artere, qu'accompagnoit une veine, mais je
ne trouvai pas à propos d'y tenter une
expé-

expérience, le mouvement du fang étoit encore trop rapide dans l'artere.

Je ne fus pas plus heureux avec une autre portion du méfentere. Une artere s'y montroit, dont le fang ralenti s'accéleroit pas les fecouifes alternatives du fang du cœur : ce qui fait toujours une marque fure de la foibleife de l'animal. J'ouvris alors la veine. Le mouvement ne parut guere augmenté dans l'artere, ni pendant que le fang couloit de la veine, ni quand le brouillard accoutumé eut fermé la bleffure. Il paroit, que cette expérience réuffit moins bien, quand l'animal eft affoibli à un certain degré.

E x p. C X C. *fur une Grenouille.* 20 Sept.

J'arrachai le cœur, le fang s'arrêta dans la veine, je l'ouvris, & le fang en fortit avec autant de viteffe, que dans l'état naturel. Deux courans oppofés fe jetterent dans l'ouverture, il en venoit un du coté du cœur, & l'autre de celui des inteftins. Je refis deux fois cette expérience, toujours avec le même fuccès.

E x p. C X C I. *fur une Grenouille.* 21 Sept.

Cet animal me fervit à faire plufieurs expériences, dont j'ai parlé dans la VIII fection, je n'en rapporterai qu'une feule.

T 5

j'a-

J'avois coupé les deux branches principales de l'aorte, & les arteres se trouverent
également sans mouvement, & vuides de
sang. J'ouvris alors une veine, elle fournit du sang pendant un tems considerable,
& avec abondance, plus long tems du coté du cœur, & moins à la vérité du coté des inteftins. Il y avoit deux veines
paralleles $a\,e$ & $c\,e$ jointes en e par une
espece de point de reflexion. J'avois ouvert la veine $c\,e$ en c. Il y avoit entre
e & c une branche $b\,d$ qui communiquoit
avec la veine $c\,e$. Le sang avoit perdu son
mouvement dans la veine $b\,d$. Mais après
l'ouverture de la veine, la nouvelle vitef-
se, produite par la saignée, donna au sang
la force d'aller depuis a par e en c, &
le sang arrêté dans la veine $d\,b$ reprit du
mouvement, & se hâta d'arriver dans l'ouverture de la veine par b. Peu à peu le
mouvement gagna l'artere voisine, elle se
remplit de sang, qui la traversa d'abord a-
vec vitesse, puis un peu plus lentement,
toujours contre la force de sa pesanteur,
& qui ne s'arrêta qu'au bout de quinze
minutes. Tout étant immobile alors, je
découvris un autre champ dans le mésentere. Mais le mouvement étoit éteint par tout.

E x p. C X C I I. *sur une Grenouille.* 25 Sept.

Les deux principales branches de l'aorte

te ayant été coupées en travers, j'ouvris une veine, & dans cette expérience, & dans presque toutes les autres que j'ai faites, le sang accourut à l'ouverture par toutes les veines, qui communiquoient avec la veine piquée : il y arriva également contre la direction naturelle, & contre la force de sa pesanteur. Le sang cessa peu à peu de couler, mais l'ouverture de la veine resta beante, & conserva la figure d'un croissant : il ne resta d'entier à la veine, qu'un petit sentier au dessus de l'incision. Le sang enfila ce sentier, & le parcourut avec vitesse, en allant alternativement du cœur aux intestins, & des intestins au cœur.

Ex p. CXCIII. *sur une Grenouille.* 27 Sept.

Je retranchai les deux branches principales de l'aorte de l'animal. Six minutes après j'ouvris une veine. Le sang vint dans l'ouverture avec rapidité, de toutes les veines, qui avoient de la communication avec la veine ouverte, tout comme si l'animal n'avoit rien souffert : & le caillot de globules amassés ferma la playe à l'ordinaire. Pendant que le sang couloit de la veine, le sang arteriel, qui avoit perdu le mouvement, le reprit peu à peu, & se porta avec vivacité du coté des intestins. Vingt & une minutes après la destruction des aor-

tes,

tes, j'ouvris une feconde fois une veine, & le fang accourut comme auparavant vers la bleffure, par toutes les veines, qui a-voient de la communication avec la veine piquée, & par celles même, qui étoient ouvertes.

Toutes ces nombreufes expériences con-courent à établir les conclufions fuivantes.

1. Le fang eft furement accéleré par la faignée, & dans la veine, que l'on ouvre, & dans celles qui communiquent avec el-le (*a*), & dans les veines du refeau ca-pillaire (*b*). Quand le fang a perdu le mouvement, lorfqu'on ouvre la veine, il le reprend (*c*), & celui, qu'il a eu, s'ac-célere par cette ouverture. Le fang eft dé-terminé vers la bleffure de la veine com-me vers un endroit, dont la refiftance eft enlevée, car les mêmes phénomenes arri-vent, quand on arrache le cœur (*d*), ou qu'on a fait une bleffure par hazard (*e*). Le fang accourt à l'ouverture fans aucun égard pour la direction naturelle de fon mouvement, & également contre les loix

de

______

(*a*) Exp. 150. 152. 153. 154. 156. 158. 159. 160. 162. 163. 164. 166. 168, 169. 171. 188. 219. 224. 226.

(*b*) Exp. 179.

(*c*) Exp. 150. 154. 155. 158. 163. 167. 173. 178. 190. 191. 192. 193. 194. 227. 230. 231.

(*d*) Exp. 147. 199. 220. 221. 223. 227. 228. 229. 234. 235. 236.

(*e*) Exp. 166. 222.

de la circulation (*f*) & de la pefanteur.
La faignée peut donc, en faifant abftraction
des valvules, dégager le cœur & le poumon.

2. Les mèmes phenomenes fuivent naturellement l'artériotomie : elle accélere pareillement le fang arteriel, & elle fait accourir le fang à la blellure, contre la direction natuelle du fang (*g*). L'artériotomie & l'ouverture de la veine ne different guere, que par la plus grande viteffe, avec laquelle la premiere opere.

3. La force de la faignée eft telle, qu'elle refout le fang, qui s'eft pris, & diffi-
pe les amas déja formés des globules, qui
forment une maffe (*h*).

4. Je vais ranger en ordre les expériences, que j'ai faites pour déterminer l'effet,
qu'a la faignée fur le mouvement du fang
arteriel.

Il y a des exemples, où elle a paru le
retarder (*i*). Il y en a eu d'autres, où
l'effet de la faignée n'a pas été bien clair,
& où il a été difficile de décider, fi la
fai-

(*f*) Exp. 150. 151. 152. 153. 154. 155. 156.
158. 159. 162. 164. 166. 167. 169. 170. 171. 174.
177. 178. 179. 184. 188. 189. 190. 192. 193. 194.
224. &c.
(*g*) Exp. 152. 154. 155. 156. 166. 170. 172.
173. 175. 176. 180. 187. 199. 201. 221. 222. 223.
226. 229. 231. 234.
(*h*) Exp. 150. 155.
(*i*) Exp. 153. 156.

faignée retardoit le mouvement du fang dans les arteres, ou fi elle l'accéleroit (*k*). Mais dans le plus grand nombre des expériences la faignée a accéleré le mouvement du fang arteriel (*l*), ou elle l'a fait renaitre, quand il n'y en avoit plus (*m*). Il eft vrai, que les arteres reprennent quelques fois fans le fecours de la faignée, du fang & du mouvement (*n*), mais cela eft fi rare, que nous n'en devons pas moins reconnoitre dans les expériences n°. *l. m.* l'effet de la faignée.

5. Je n'ai pas encore des expériences fuffifantes pour déterminer l'effet permanent de la faignée, ou le changement de la circulation du fang ou veineux ou arteriel, qui fubfifte, après que la bleffure de la veine a été fermée (*o*).

6. Mes expériences paroiffent fuffifantes pour établir la maniere, dont fe ferment les bleffures des vaiffeaux. Ils fe rempliffent autour de la bleffure d'une humeur lymphatique tranfparente, qui environne également les dehors du vaiffeau bleffé :

la

(*k*) Exp. 162. 163. 174. 185. 186. 188. 189. 233.

(*l*) Exp. 163. 164. 166. 173. 181. 187. 189. 192.

(*m*) Exp. 163. 178. 182. 183. 184. 186. 194. 220. 227.

(*n*) Exp. 91. 185.

(*o*) Exp. 186.

la fente même de la veine eft remplie par un caillot de globules rouges amaffés (*p*). La contraction des vaiffeaux n'y entre pour rien, puifque la fente fe conferve même après que la circulation eft entierement retablie (*q*).

7. Mes expériences ne fuffifent pas pour déterminer l'effet de la faignée, pour arrêter les hémorrhagies. Il eft vrai, que le jet de fang d'une artere fut vifiblement affoibli par une feconde ouverture de la même artere (*r*), & une feconde faignée a diminué le courant, qui fortoit de la premiere (*s*). Mais une autre expérience (*t*) a fait voir, que le fang d'une veine peut fortir avec beaucoup de viteffe de fa bleffure, fans retarder le fang, qui fort d'une artere. Il paroit par là douteux, fi la faignée faite dans l'intention de diminuer une hémorrhagie fait fon effet d'une maniere hydraulique, ou fi elle ne le fait pas plutôt par l'affoibliffement univerfel du corps animal.

SEC.

(*p*) Exp. 153. 154. 157. 160. 161. 163. 166. 167. 170. 171. 176. 177. 178. 179. 180. 182. 187. 194.

(*q*) Exp. 156. 179. 180. 193. 199.

(*r*) Exp. 147.

(*s*) Exp. 179.

(*t*) Exp. 180.

SECTION VIII.

Expériences faites pour découvrir les causes du mouvement du sang qui ne dependent pas du cœur.

Exp. CXCIV. *sur une Grenouille*, 16 Juill. 1751.

J'Arrachai le cœur à ce petit animal (*a*) dont j'avois observé long tems la circulation. Malgré cette violence, le sang arteriel continua son mouvement pendant une demi heure entiere : il y avoit un vaisseau à deux branches, le sang y balançoit, & alloit alternativement d'une branche au tronc & à l'autre branche, & du tronc aux deux branches (*b*). Ce mouvement cessa à la fin, quand tout fut desseché.

Exp. CXCV. *sur deux Grenouilles.* 17 Juil.

Je coupai les vaisseaux du cœur, & les en separai. Le mouvement se conserva dans les arteres & dans les veines , pendant quelque

que

(*a*) M. Remus rapporte cette expérience p. 59. Mais il en rapporte deux autres du même genre & du même événement, que j'ai faites, & que je n'ai pas portées sur mes regitres.
(*b*) Exp. 66.

que tems, mais plus long tems dans les veines, même quand les arteres fe trouverent vuides, & par confequent immobiles.

Exp. CXCVI. *fur un petit poiffon.*
19 Juillet.

Le fang couloit avec affez de viteffe, & avec la direction naturelle par les grandes, & par les petites arteres & les veines, dans le tems que le cœur ne battoit plus, & que les ouïes ne s'agitoient plus. Je voulus favoir, fi c'étoit une fincope, ou fi l'animal étoit effectivement mort, je le déliai, & je le jettai dans l'eau fraiche ; mais il ne fe remit point, & je fus obligé d'admettre, que le fang avoit confervé du mouvement après la mort de l'animal.

Exp. CXCVII. *fur une Grenouille.*
21 Juillet.

Les globules rouges, qui fortent de la bleffure d'une artere, & qui fe repandent dans l'intervalle des deux lames du méfentere, font attirées vers les parois des arteres, & fe ramaffent là. Il faut qu'il y ait une cellulofité, car on y voit les globules & les bulles d'air s'y arrêter, & y demeurer attachés.

V

E x p.

Exp. CXCVIII. *fur une Grenouille.*
30 Août.

J'arrachai le cœur le plus promtement qu'il me fut poffible, pour connoitre, fi le mouvement du fang continueroit, fans ce premier moteur de la machine animale. Je vis bien furement le fang fe précipiter vers le cœur, & par les arteres & par les veines : ce mouvement de dérivation dura deux minutes. Il n'y eut aucune contraction ni dans les arteres ni dans les veines. Je vis dans l'autre Grenouille les globules fe mouvoir affez vite entre les membranes du méfentere.

Exp. CXCIX. *fur une Grenouille.* 14 Sept.

Je bleffai en même tems & une veine, & le méfentere; cette membrane fe retira, & il s'y forma un trou rond : aucun globule ne fortit par ce trou. Les globules de la veine, comme repouffés par les bords circulaires du trou, en reviennent, & préferent de fe jetter contre la direction naturelle dans quelque autre veine, pour fe porter du coté des inteftins.

Exp. CC. *fur une Grenouille.* le même jour.

Une artere n'étoit pas bien remplie, il n'y avoit plus que peu de globules : j'y
fis

fis une blessure ; ces globules se haterent vers l'ouverture de l'artere , même contre leur direction naturelle.

Le sang ne couloit plus de la blessure d'une veine, quand l'animal se secoua : cet effort fit revenir l'hémorrhagie.

La fente de l'artere diminua sans le moindre changement, & ne se contracta pas.

E x p. C C I. *fur une Grenouille*. 30 Sept.

L'animal ayant souffert une convulsion, il sortit encore un peu de sang de la blessure d'une veine : mais cela ne dura pas, & le sang circula par la veine, comme s'il n'y avoit aucune lésion.

E x p. C C I I. *fur quatre Grenouilles*.
14 Mai , 1754.

Ces animaux conserverent plusieurs signes de vie & de volonté, après que je leur eus arraché le cœur. Ils voyent, ils couvrent les yeux de leurs paupieres , quand on approche quelque brin de bois , ils respirent & dilatent les narines , comme s'ils vouloient flairer.

E x p. C C I I I. *fur une Grenouille*. 30 Mai.

Je coupai & j'enlevai la moitié du cœur & ne laissai à l'animal, que l'oreillete., il
V 2
ne

ne laiſſa pas de vivre, & de ſauter même quelque tems.

E x p. C C I V. *ſur une Grenouille.* 12 Juin.

Je vis & avec évidence, le mouvement
du ſang, qui dépend de ſa peſanteur. J'é-
levai le méſentere tout entier, & le plaçai plus haut, que le corps de l'animal ;
bientôt les arteres & les veines de cette
grande membrane parurent vuides, pales
& minces, parce que tout le ſang du méſentere refluoit vers le cœur par ſa propre peſanteur. Alors je laiſſai aller cette membrane, elle retomba, & ſe trouva plus baſſe
que le corps de l'animal ; tous les vaiſſeaux
ſe remplirent alors de ſang, & les veines
furent d'un rouge foncé, parce que le ſang
y étoit retombé, & que la peſanteur ne les
aidoit plus à ſe deſemplir.

Bientôt après ayant vû avec le microfcope le ſang deſcendre par les veines, &
ſuivre la direction de ſon poids, je renverſai la planchette, pour faire, que la peſanteur du ſang s'oppoſat au courant, que
je lui avois vû : dans un moment tout le
ſang des veines ſe trouva immobile, la
peſanteur ayant detruit le mouvement circulaire.

Le ſang coulant avec liberté dans les
arteres, & dans les veines du méſentere,
je liai l'aorte près du cœur. Le ſang s'arrêta

rèta fur le champ dans les arteres; pas un globule n'y bougea plus, à l'exception d'un petit nombre, qui retournoient vers le cœur. Mais le mouvement du fang des veines fouffrit fort peu de la ligature de l'aorte: il continua de couler avec promtitude, & à l'aide de la faignée, & fans ce fecours. Il me parut remarquable, que le fang d'une groffe veine, au lieu dè continuer fa direction vers le cœur, la changea, & rebrouffa par une groffe branche de communication, pour fe rapprocher de la bleffure, que j'avois faite à une veine du coté des inteftins. La même chofe arriva, quand j'ouvris une autre veine, quoique l'artere, compagne de cette veine, ne reçut plus de fang de l'aorte, que j'avois bleffée.

E x p. C C V. *fur une Grenouille.* 7. Juin.

Je liai encore une fois les deux groffes branches de l'aorte, qui fortent de fon tronc à peu de diftance du cœur, & dont naiffent toutes les arteres de l'animal. Les veines de cette grenouille étoient bien remplies de fang, j'en piquai une, & le fang accourut de tous cotés, & par toutes les branches de communication à cette ouverture, pour fe jetter dans la playe, & fe repandre entre les lames du méfentere.

Exp. CCVI. *sur deux Grenouilles.* 18. Juin.

Je voyois fort bien le mouvement du sang
& dans les arteres, & dans les veines. A-
lors je liai l'aorte : le sang s'arrêta tout de
suite dans les arteres, & il n'y resta qu'un
petit balancement. Je remis l'aorte en liberté en coupant le fil de soie, dont elle étoit
liée, & le mouvement se retablit dans
les arteres.

Mais la ligature de l'aorte ne changea rien
au mouvement du sang veineux, qui sortit avec la même rapidité de l'ouverture,
que j'avois faite à une veine.

Le mouvement, qui dépend de la pesanteur, n'est pas detruit non plus par là ligature de l'aorte. En élevant & en dépri-
mant le mésentere, je fis à mon gré monter ou descendre les globules de sang, dans
une grosse veine du mésentere.

Exp. CCVII. *sur une Grenouille.* 20. Juin.

J'avois observé la circulation, qui se faisoit avec tout l'ordre imaginable, quand je
liai les deux grosses branches de l'aorte,
& les grosses veines de l'animal. J'ouvris
alors une des veines du mésentere. Le sang
sortit de la blessure, comme si rien n'étoit
dérangé, la veine cave supérieure continua de faire ses contractions, l'animal ouvroit

vroit les paupieres & les fermoit, il enfloit le poumon, il fautoit, pendant que
le cœur avoit perdu son mouvement.

Exp. CCVIII. *sur une Grenouille.* 26 Juin.

Je suivis le mouvement, qui nait de la
pefanteur. Je me fixai fur une veine du
méfentere, j'y pus voir à mon gré changer la direction du fang, en renverfant la
planchette. Je le fis defcendre à point nom-
mé ou vers les inteftins, ou vers le cœur.
La même chofe ne réuffit pas fi bien dans
les arteres, dont le mouvement eft beaucoup plus conftant & plus rapide.

Je vis un mouvement affez vif dans les
globules de fang, qui étoient fortis de la
veine ouverte, & qui s'étoient repandus
dans le méfentere.

Exp. CCIX. *sur une Grenouille.* 28 Juin.

Je liai les deux groffes branches de l'aorte. Le mouvement du fang veineux en fut
affoibli, mais il ne fut pas fupprimé, &
j'ai appris dans mes expériences, que ce
mouvement ne dure pas long tems dans l'a-
nimal, qui vit dans la torture. Je vis fort
bien la conftriction des groffes veines, de
la veine cave inférieure, des veines du foie,
& de la groffe veine des extrèmités fupé-
rieures. Cette ligature des arteres paroit

au refte affoiblir l'animal , mais il conferve
la vie , il couvre les yeux de fes paupieres.
Il furvit plus long tems à la ligature des
arteres , qu'à leur retranchement.

EXP. CCX. *fur une Grenouille.* 3 Juillet,

Je liai l'artere du méfentere , & j'ouvris
une des veines de cette membrane. Elle donna du fang , & auffi copieufement même
qu'elle auroit fait , s'il n'y avoit point eu
de ligature : le fang fe rendoit à l'ouverture de la veine & du coté du cœur , & du
coté des inteftins.

Il ne fort point de fang par les bleffures
du méfentere , lors même qu'il fait le tour
du trou , qu'on y auroit fait. La contraction
des veines caves refte en entier , quand on
a lié l'aorte.

EXP. CCXI. *fur une Grenouille.* 11 Juill,

Le fang ne fortit pas de la déchirure du
méfentere , il s'amaffa , comme en 210 , autour des bords de la bleffure.

EXP. CCXII. *fur une Grenouille.* 24 Juill.

Le fang veineux couloit avec rapidité ;
dans cet état la pefanteur n'eut aucun pouvoir fur fon mouvement. Mais , dès que
le courant de ce fang fe trouva affoibli ,

la

la pefanteur reprit fes droits, & le fang alla de quelque côté, que je voulois qu'il al-
lat, vers le cœur vers les inteftins, ou
dans d'autres veines, pourvû que je lui
donnaffe de la pente.

J'élevai enfuite le méfentere dans un animal robufte, tout le fang en fortit, & fes
vaiffeaux devinrent minces & pales. Un moment après je laiffai retomber le méfentere,
& tous ces vaiffeaux fe remplirent de fang.

Le fang étant immobile dans une artere, fa pefanteur lui rendit le mouvement
& l'entraina du coté le plus bas.

Je vérifiai encore une fois l'influence de
la pefanteur fur le fang veineux, & j'en
déterminai à mon gré la direction, en lui
donnant de la pente: je le fis couler par
cette feule force à travers le brouillard gelati-
neux, qui fermoit l'ouverture d'une veine.

Exp. CCXIII. *fur une Grenouille.* 25 Juill.

Ayant coupé en travers le méfentere avec
une groffe veine, il ne fortit pas un feul
globule par le trou fait au méfentere: le
fang comme repouffé des bords du trou
retourna en arriere, pour fe repandre entre les lames du méfentere.

Exp. CCXIV. *fur une Grenouille.* 26. Juill.

Je vis un mouvement affez rapide dans
V 5 les

les globules épanchés entre les lames du méfentere. Ce mouvement ne pouvoit pas être attribué à la pefanteur.

Exp. CCXV. *fur une Grenouille*. 27 Juill.

Je revis ce mouvement dans les globules rouges, & je l'appellai, *mouvement de fluidité*, ne pouvant pas le rapporter à la pefanteur. Ces globules fuivent la longueur extérieure des veines qu'on a ouvertes, ils coulent dans une cellulofité invifible, comme dans une efpece de canal, parallele & contigu à la veine, des deux cotés de ce vaiffeau.

Exp. CCXVI. *fur une Grenouille*. 20 Sept.

J'arrachai le cœur avec promtitude. Le balancement du fang arteriel fe foutint pendant quelques fecondes, mais il ne dura gueres. Dans les veines le fang, qui couloit déja fort languiffamment, perdit d'abord le mouvement, mais la faignée le lui rendit.

Je vis les globules épanchés entre les lames du méfentere, fuivre les loix de la pefanteur. J'y vis encore celles de l'attraction, déja touchée *Exp*. 215. Le fang extravafé fur le bord de l'inteftin, fuivit ce bord, en remontant contre fon propre poids.

E x p.

EXP. CCXVII. *fur une Grenouille*, le même jour.

Les arteres étoient parfaitement vuides, & dans les veines il n'y avoit que peu de fang, qui ne fe mouvoit que bien lentement, quand j'arrachai le cœur à l'animal. Le fang veineux conferva quelque mouvement : il paffoit d'une branche à l'autre, il rentroit dans le tronc, pendant plufieurs minutes. Mais il y avoit trop peu de fang dans les veines, pour que ce mouvement put être confiderable. Il ne provenoit pas de la dérivation, car les globules fe portoient du coté des inteftins, en s'éloignant de la playe : il n'étoit pas non plus une fuite de la pefanteur.

EXP. CCXVIII. *fur une Grenouille.* 21 Sept.

Les arteres étoient vuides : & dans les veines il n'y avoit que peu de fang, qui les traverfoit avec lenteur : j'arrachai le cœur à l'animal. Il refta quelque peu de mouvement au fang veineux. J'ouvris alors une veine. Le fang fe précipita de tous cotés dans l'ouverture de la veine, comme fi le cœur avoit été en bon état. Toutes les branches, qui communiquoient avec la veine, que j'avois ouverte, lui fournirent du fang, jufqu'à

qu'à ce que la playe fe fermat : & que le
fang ceſſa d'en couler.

Je diſtinguai trois fortes de mouvement
dans le fang veineux de cet animal. Il y
avoit un mouvement dirigé par la peſanteur : il y en avoit un d'oſcillation, par lequel les globules alloient & venoient en
fens contraire. Le troiſieme paroiſſoit dans
les globules épanchés entre les membranes
du méſentere : il avoit du rapport à l'attraction : les globules remontoient le long de
la furface extérieure de l'artere & de la veine :
ils faiſoient une parabole, pour redeſcendre.

Cette grenouille vivoit dans cet état,
elle voyoit, elle ouvroit les yeux, elle
les fermoit, elle clignoit les paupieres, elle tenta de fauter. Après quelques minutes
le fang perdit fes reftes de mouvement.

Exp. CCXIX. *fur une Grenouille*, le même jour.

J'avois obſervé dans une artere, & dans
une veine, le mouvement rapide de la premiere, & le mouvement plus doux de la
feconde. J'arrachai alors le cœur, en le
détachant avec les cifeaux, moyen dont
je me fuis toujours fervi : l'artere perdit tout
de fuite le mouvement, & la veine vuida fon fang par la grande bleſſure de la
veine cave. Peu à peu cette énorme faignée
rendit à l'artere le fang & le mouvement,

qui

qui se trouva contraire à la pesanteur.

Quinze minutes après la destruction du cœur, l'animal fit des sauts très vifs, & se précipita du haut de l'hôtel de ville.

EXP. CCXX. *sur une Grenouille.* **22 Sept.**

Le mouvement du sang se distinguoit très bien, mais il étoit renversé dans la veine, quand j'arrachai le cœur. Le sang accourut avec beaucoup de vitesse par les arteres & s'épancha par la playe de l'aorte. Le sang veineux fit la même chose, il revint avec vitesse du mésentere & des intestins, pour sortir par la veine cave. Une ocupation subite troubla cette expérience.

EXP. CCXXI. *sur une Grenouille.*
le même jour.

J'avois observé le mouvement du sang dans deux veines, & dans une artere, quand je privai l'animal de son cœur. Le sang revint avec beaucoup de rapidité par l'artere vers le cœur. Dans la veine, il continua son chemin par les intestins, où l'animal avoit reçu une blessure. Un mouvement d'oscillation suivit dans les arteres : le sang alloit un moment vers les intestins, il en revenoit vers le cœur. Quelle qu'ait été la cause de ce mouvement, ce n'étoit surement pas la pesanteur.

EXP.

Exp. CCXXII. *fur une Grenouille.* 23 Sept.

L'expérience a bien reuffi. Il y avoit fous le microfcope une artere & deux veines, & le mouvement du fang y étoit en bon état, quand j'arrachai le cœur de l'animal.

Le fang revint bientôt fur fes pas dans les arteres, il fe hâta, comme je l'ai prefque toujours vû faire, de revenir vers le cœur, un peu moins rapidement à la vérité, que de coutume.

Il s'approcha auffi du cœur par la veine. Quelques momens après le balancement furvint, & le fang monta & defcendit alternativement dans l'artere. Dans la veine il balança plus d'une demi heure, & il n'avoit pas fini encore fes allées & fes venues, quand d'autres occupations demanderent mon attention.

Les globules épanchés entre les lames du méfentere, monterent contre la direction de la pefanteur.

Pendant tout ce tems là l'animal vecut fans cœur, & fans oreilletes, il avala, ce qui fait une occupation affez ordinaire des grenouilles, il enfla alternativement fes poumons & les defenfla : il donna toute forte de figne de vie, & fe précipita de la fenetre une demie heure après.

J'avois vû dans le même fujet le mouvement du fang qui dépend de la pefanteur.

E x p.

EXP. CCXXIII. *sur une Grenouille.* 24 Sept.

Je découvris la grande veine du méfentere, & j'arrachai le cœur. L'ofcillation
parut dans la veine, le fang y vint des branches dans le tronc, & il retourna dans les
branches. J'ouvris alors une veine, & enfuite une autre. Le f ng accourut toujours
à la bleffure fans difference de direction,
& fe jetta dans l'ouverture de la veine
pour s'épancher dans le méfentere.

Je voulus favoir, fi ce mouvement de dérivation feroit plus fort, que celui de la
pefanteur. Je fis en forte, que le courant,
qui fe rendoit dans l'ouverture de la veine,
fut contraire à la pefanteur. Le mouvement
de dérivation l'emporta de beaucoup, & celui de la pefanteur ne put pas lui refifter.
Le mouvement du fang dura paffé quinze minutes après la deftruction du cœur.

Les veines, qui avoient perdu le mouvement, & la plus grande partie de leurs
globules, devinrent jaunes, de rouges
qu'elles étoient.

EXP. CCXXIV. *sur une Grenouille,* le même jour.

Les arteres étoient vuides, mais il y a-
voit beaucoup de fang dans les veines, dont
le

le mouvement renverſé tendoit aux inteſtins : il y avoit comme des étranglemens dans les veines : j'arrachai alors le cœur.

Une grande veine parut dans le méſentere : elle recevoit trois autres veines. Dans le tronc principal le ſang deſcendoit au gré de la peſanteur, quelquesfois pourtant il remontoit, & parcouroit, tantôt toute la longueur de la veine, & tantôt il alloit juſqu'à la branche la plus voiſine, dans laquelle il ſe jettoit alors.

Des trois branches, qui ſe rendoient dans ce tronc, la plus ſupérieure étoit à peu près parallele : elle étoit preſque vuide de ſang, il s'y établit pourtant un balancement de ſang aſſez particulier. Les globules, qui n'occupoient que la moitié inférieure de la veine, alloient vers les inteſtins, & en revenoient alternativement, avec une viteſſe aſſez conſiderable.

La branche du milieu étoit en général horizontale, elle alloit pourtant en ſerpentant, & remontoit même un peu. Malgré ce deſavantage, le ſang y alloit depuis le tronc, pendant douze minutes, il y montoit, & en redeſcendoit bientôt après avec aſſez de viteſſe.

La branche la plus inférieure alloit en deſcendant. Le ſang y venoit avec rapidité du tronc. Sa peſanteur l'aidoit : mais bientot après il en revenoit avec tout autant

de

de viteſſe, & ſe rapprochoit du cœur contre le gré de ſon poids.

Je renverſai alors la planchette. Le ſang
ne laiſſa pas de monter dans la grande veine:
il ſe rendoit, pareillement contre ſa peſanteur, dans la branche du milieu, il y montoit aſſez vite, treize minutes après la deſtruction du cœur.

Le ſang épanché entre les lames du méſentere, contigu aux inteſtins, alloit & venoit en ſe balançant, ſans abandonner les
inteſtins, & ce mouvement étoit alors plus
vif, que celui des arteres.

Je refis la même expérience, & je vis
encore remonter le ſang contre ſon poids,
pour ſe rendre du tronc de la veine dans
ſes branches.

Exp. C C X X V. *ſur une Grenouille.* 25 Sept.

L'expérience réuſſit bien. Le ſang traver-
ſoit avec liberté les arteres & les veines,
quand j'arrachai le cœur de l'animal. Dans
une artere du méſentere, placée ſous la
lentille, le ſang ſe rendit avec rapidité au
cœur, & l'artere, qui étoit fort remplie
de ſang, ſe vuida tout à fait. La partie,
qui ſe vuida la premiere, fut celle, qui regardoit le cœur, & la partie la plus voiſine des extrémités ſe vuida la derniere.

Quand cette artere fut preſque vuide,
& qu'il n'y eut plus qu'un petit nombre de
X

glo-

globules, ces globules revinrent vers les inteſtins, & ſe rapprocherent alternative-ment du cœur. Ce balancement dura bien ſeize minutes.

Le ſang veineux revenoit vers le cœur, mais avec lenteur, & paroiſſoit perdre tout à fait le mouvement : j'ouvris alors une veine. Le ſang y accourut de dix veines, qui communiquoient avec celle que j'a-vois bleſſée, & il ſortit en faiſant des tourbillons par la bleſſure, cinq mi-nutes après la deſtruction du cœur. A la fin pourtant le ſang s'arrêta. Alors, ſeize minutes après l'époque, que je viens de marquer, le ſang balança avec aſſez de vi-teſſe dans la veine : il alloit du coté du cœur, & il en revenoit alternativement.

Mais après quelques momens de repos, le mouvement revint au ſang veineux, il coula avec une direction variable, & avec beaucoup de viteſſe, en haut & en bas, des inteſtins au cœur, & du cœur aux inteſtins.

Les globules repandus entre les deux lames du méſentere, & arrêtés à quelque diſtance des gaines celluleuſes des arte-res, s'approcherent en remontant de l'ar-tere, l'atteignirent, & reprenant une nou-velle viteſſe de l'eſpace plus étroit, dans lequel ils s'étoient réünis, ils redeſcendi-rent, & ſe diſperſerent de nouveau. La viteſſe de ce mouvement diminua quinze mi-

minutes après la deftruction du cœur.
Quelle que foit fa caufe, il eft fûr du moins,
que ce n'eft pas la pefanteur.

Vingt & fept minutes après la deftruction du cœur, le balancement du fang arteriel & veineux étoit encore affez promt,
les arteres étoient encore pleines de fang :
pour les veines, il n'y avoit plus que peu
de globules, éloignés les uns des autres.

Ce n'eft prefque pas la peine d'avertir,
que la contraction des vaiffeaux n'a point
eu de part à ces mouvemens, & qu'un petit nombre de globules marchoit dans des
vaiffeaux, dont la parois oppofée étoit
trop éloignée d'eux pour les toucher.

Trente minutes après la deftruction du
cœur, les veines, remplies de nouveau de
fang, perdirent le mouvement. Il y avoit
encore un balancement dans les arteres.
Le poids & la convulfion des nerfs ne re-
tabliffoient plus le mouvement du fang.

Pendant tout ce tems là le cœur continua de battre, & l'animal fe fervoit librement de tous fes fens (*a*).

X 2   E x p.

(*a*) Ayant comparé la traduction avec l'original, j'ai trouvé que j'avois *coupé les deux groffes
branches de l'aorte*, fans arracher le cœur. Mais
cette petite inexactitude n'influe point fur les confequences, que je tire de cette expérience.

EXP. CCXXVI. *sur une Grenouille*, le même jour.

Quand j'ouvris le ventre de cet animal, l'artere étoit tranquille, & deux veines expofées en même tems au microfcope, avoient confervé un balancement compofé de la direction naturelle, & du mouvement retrograde. J'arrachai alors le cœur. Le fang ne reprit pas de force dans l'artere. Mais dans la veine il fe porta avec beaucoup de viteffe du coté, que le cœur détaché avoit laiffé la veine cave ouverte : quelque tems après il en revenoit vers les inteftins.

Cinq minutes après que le cœur fut arraché, j'ouvris une veine. Le fang accourut à la bleffure & du coté du cœur & du côté des inteftins, les deux courans contraires fe choquerent à l'ordinaire. Toutes les veines, qui communiquoient avec la veine bleffée, envoyerent leur fang vers la bleffure. Quand le fang veineux en eut coulé quelque tems, le fang arteriel reprit du mouvement, & fuivit fa direction naturelle, qui le mene vers les inteftins. Peu de tems après la playe fe ferma, & le fang continua fon chemin, par ce qui étoit refté d'entier de la veine.

Ce mouvement étant auffi ralenti, je changeai la fcene quinze minutes après la deftruction du cœur, & je découvris d'autres

tres veines & d'autres arteres. Les dernieres étoient vuides, mais les premieres étoient pleines d'un sang arrêté & immobile. J'en ouvris une.

Le sang en sortit, & s'y porta, comme de coutume, & de la partie des veines la plus voisine du cœur, & de la partie, qui répondoit aux intestins : ce mouvement fut presque aussi vif, que dans l'animal vivant. Mais il ne laissa pas à son tour de se ralentir, & tout mouvement cessa dans l'animal, vingt & huit minutes après que le cœur fut separé de l'aorte.

Qu'on appelle ce mouvement fluidité, ou attraction, ou de quelque nom, qu'on le jugera à propos, il est sûr du moins, qu'il ne dépandoit pas de la pesanteur. Car le sang a montré une vitesse égale, lorsqu'il remontoit contre son poids, pour s'approcher de l'ouverture de la veine, & lorsqu'il descendoit pour y venir.

Exp. CCXXVII. *sur un Crapaud au ventre orangé.* 26. Sept.

La saison étant avancée, & les grenouilles ne se trouvant plus qu'avec peine, je voulus vérifier encore un nombre de fois mes expériences sur le mouvement du sang qui ne dépend pas du cœur. Je ne craignis point de me servir des animaux de cette espece, qui sont plus gros, & plus

X 3 robusrobuftes, que les grenouilles, & dont la vie eft plus dure. Il eft vrai, qu'on a contr'eux une averfion naturelle, & qu'ils lancent, plus promtement encore que les grenouilles, leur urine contre ceux qui leur font de la peine : mais ce fut auffi tout le mal qu'ils me firent, étant d'ailleurs plus propres aux expériences, que les grenouilles.

Le mouvement du fang alloit à merveille dans une artere & dans une veine du méfentere, & les deux courans étoient oppofés l'un à l'autre, les vaiffeaux étoient bien remplis, & le mouvement rapide, quand je coupai en travers les deux groffes branches de l'aorte.

Le fang de l'artere méfentérique s'arrêta fur le champ, & le refeau capillaire veineux perdit le mouvement. Mais la veine continua de rapporter fon fang du côté du cœur, elle fit cette fonction pendant douze minutes, avec quelques petits retours contre les inteftins, melés au mouvement naturel. Le fang s'étant arrêté dans cette veine, j'en découvris une autre, qui montoit perpendiculairement ; celle-ci fournit fon fang du côté du cœur pendant dix fept minutes, contre fa pefanteur. Ce mouvement ne dépendoit pas non plus de la dérivation : pour éviter ce foupçon je n'avois pas détruit le cœur, & l'extrémité de la veine cave n'étoit donc pas ouverte.

On

On ne sauroit dire non plus, que le sang pouvoit se rendre dans le cœur, comme vers un vaisseau ouvert par la dissection du commencement de l'aorte : car le cœur ne fournit dans ces expériences, qu'un petit nombre d'ondées de sang, après lesquelles rien ne sort du commencement de la grande artere.

Pendant tout ce tems là le cœur continuoit de battre, il étoit à sa place, avec ses veines, auxquelles je n'avois pas touché. Je détachai l'animal, il se secoua, pour prendre la fuite, & cette secousse fit sortir encore une ondée de sang du cœur. Long tems après l'animal se sauva.

Exp. CCXXVIII. *sur une Grenouille*, le même jour.

Le mouvement du sang se faisoit avec regularité & avec promtitude, quand je separai le cœur des grosses branches de l'aorte. Le sang revint sur ses pas dans les arteres, & s'approcha du cœur pendant quelques minutes. Dans les veines, il se porta de même du côté du cœur, mais lentement, & pendant peu de secondes.

J'avois fait naitre un aneurisme artificiel : le sang s'y ramassa, dans le tems, qu'au dessus & au dessous de l'aneurisme il n'y avoit dans l'artere, que des files de globules solitaires. Je vis avec plaisir

ces globules revenir des inteſtins pour s’a-
jouter à cet amas de globules : mais par
l’extrêmité oppoſée de l’aneuriſme d’autres
globules abandonnoient l’amas de leurs
ſemblables, & s’aſſocioient à une aſſez
groſſe maſſe de ſang, qui étoit immobile
dans la partie de l’artere la plus voiſine
du cœur. Le mouvement de ces globules étoit aſſez promt, il exiſtoit ſeul, pendant que leurs autres vaiſſeaux étoient immobiles. Dix minutes après la deſtruction
des groſſes arteres ils s’arrêterent eux
mêmes.

Je reflechis ſur les cauſes de ce mouvement. Ce n’étoit pas une contraction inviſible de l’aneuriſme ; quand on en pre-
teroit à une tumeur, qui ſe remplit de ſang
au lieu de le chaſſer, il eſt ſûr, qu’il n’auroit pas admis les globules, qui lui revenoient des inteſtins, & ſa contraction même les auroit fait avancer vers cette extrêmité, en leur faiſant ſuivre la direction
naturelle du ſang arteriel.

Le cœur n’y avoit aucune part, car ſa
communication avec les arteres étoit abſolument interrompue par la deſtruction
des groſſes branches de l’aorte : & le ſang
de l’aneuriſme alloit d’ailleurs vers le cœur,
contre la direction, que cet organe auroit
dû lui imprimer.

Ce n’étoit pas la dérivation non plus,
ni le poids, & il ne me reſta d’autre idée,

que

que celle d'une attraction, qui fait aller les globules, du côté où il y a le plus de ſang raſſemblé. Je fus impatient de véri-fier cette expérience.

Exp. CCXXIX. *ſur une Grenouille.*
27 Sept.

Je fis naitre un aneuriſme artificiel, & je retranchai alors les deux groſſes bran-ches de l'aorte. Le ſang de l'artere du méſentere perdit d'abord ſon mouvement; & le ſang de la veine continua de porter le ſien du côté du cœur, avec lenteur. Six minutes après la deſtruction des groſſes branches de l'aorte, je piquai la veine. Le ſang ſe porta, comme dans l'animal vivant, par toutes les veines qui commu-niquoient avec la veine bleſſée, à celle-ci & à l'endroit de l'ouverture, le ſang arte-riel même reprit du mouvement.

La playe étant fermée, il y eut un ba-lancement dans une veine, qui uniſſoit deux troncs veineux. Le ſang alloit un moment du tronc gauche au tronc droit; il revenoit un moment après du tronc droit au tronc gauche. Je crus voir la veine, que j'avois coupée en travers, re-pomper le ſang repandu entre les lames du méſentere, & le dégorger alternative-ment.

Peu à peu, après que la playe de la
veine

veine fe fut fermée, le mouvement veineux devint plus actif, & les veines plus
éloignées rapporterent leur fang dans leurs
troncs, jufqu'à ce qu'elles fuffent tout à
fait vuides, & le tronc rempli de fang.

Tout étoit affez languiffant, mais il
refta dans le peu de fang, qui étoit encore
dans les veines, un mouvement de balancement, compofé d'un mouvement direct,
& d'un mouvement retrograde.

Vingt & une minutes après la deftruction des gros troncs arteriels, j'ouvris encore une fois une veine, & le fang revint
encore dans l'ouverture de la veine de
toutes celles, qui avoient de la communication avec elle, il y vint de même des
veines vuides, auxquelles par confequent
des veines plus éloignées doivent avoir
fourni ce fang : & il fortit comme à l'ordinaire de la playe.

Cette feconde bleffure s'étant fermée,
le mouvement réciproque continua dans la
veine, qui faifoit la communication des
deux troncs veineux. Le fang alloit par
cette veine mitoyenne tantôt dans l'une
des groffes veines, & tantôt dans l'autre,
trente & une minutes après la deftruction
des groffes arteres. Il me parut probable,
que ce mouvement fi durable pouvoit
encore fe rapporter à l'attraction : & je
l'expliquai par la folicitation alternative,
qu'éprouvoit le fang de la veine mitoyenne

de

de la part du sang plus copieux des deux veines, auxquelles elle aboutissoit. Il est sûr qu'à la trente sixieme minute il restoit encore un balancement dans cette veine de communication.

EXP. CCXXX. *sur une grosse Grenouille,*
le même jour.

Je détruisis les deux grosses branches de l'aorte. Le sang revint avec une direction renversée vers le cœur, pendant un tems assez considérable : de tems en tems il reprenoit le mouvement naturel pour se rapprocher des intestins. J'ouvris une veine, & le sang se jetta avec rapidité dans cette ouverture. Mais je ne vis pas, ce que je cherchois, & cette expérience ne réussit pas bien.

EXP. CCXXXI. *sur une Grenouille.*
29 Sept.

Je fus encore une fois ou peu adroit, ou peu heureux : un crochet blessa une veine, & l'animal perdit presque tout son sang par cet accident. Je vis pourtant des globules solitaires conserver quelque tems du mouvement dans l'artere : & la saignée ne manqua pas non plus de faire le même effet, qu'elle fait, pendant que le cœur s'aquite de ses fonctions. Mais
je

je ne pus pas me satisfaire sur le repom-
pement du sang dans les veines.

Dans cet état l'animal enfloit le poumon
& le desenfloit, il regardoit, il dilatoit les
narines, & s'enfuit à la fin avec vivacité,
quand il en eut la liberté.

EXP. CCXXXII. *sur une Grenouille.*
29 Sept.

Je découvris le reseau veineux du mésentere, & les arteres qui traversent ce
reseau. Je retranchai les deux grosses branches de l'aorte, & j'ouvris alors une veine:
je fis la même chose dix minutes après la
destruction de ces arteres. Le sang se porta
avec rapidité dans l'ouverture de la veine,
il y vint de toutes les branches qui communiquoient avec la veine ouverte, mais
le mouvement du sang arteriel ne revint
pas.

EXP. CCXXXIII. *sur une Grenouille.*
30 Sept.

Les arteres étoient vuides, parce que
l'animal avoit été sans nourriture, depuis
trois jours qu'il étoit dans ma boëte. Le
sang étoit immobile dans les veines, il se
balançoit un peu dans une veine, qui
faisoit la communication des deux troncs,
& il se rendoit tantôt dans un des troncs,
&

& tantôt dans l'autre. Je retranchai alors les deux groffes branches de l'aorte : le mouvement revint dans les arteres déja immobiles. Des globules s'y rendirent, dont le nombre & la viteffe s'augmenta peu à peu, & la direction de ce fang le ramena vers le cœur, contre les loix de la péfanteur. Dans une veine voifine le fang remonta de même, & fe rendit dans un tronc plus gros.

Il y avoit un balancement fingulier dans le fang extravafé entre les lames du méfentere. Il y avoit un amas de fang attaché à l'inteftin, & un autre amas de globules épanchés au centre du méfentere. Le mouvement alternatif dominoit entre ces deux amas de globules ; il s'en détachoit des inteftins, pour fe rendre au centre du méfentere, & bientôt apres il s'en détachoit de celui-ci, pour fe rejoindre à l'extravafation des inteftins.

Un phénomene des plus rares fe préfenta dans le refeau veineux du méfentere. Le mouvement s'y conferva dix minutes entiéres après la deftruction des aortes, & dans le tems, que le fang des groffes veines avoit perdu le fien. Il y avoit des globules folitaires, feparés les uns des autres par un intervalle confidérable, qui remontoient vers un tronc veineux, & qui fe rendoient dans une veine de deux ou de trois globules de diametre.

E X P.

EXP. CCXXXIV. *sur un Crapaud orangé*, le même jour.

Le sang couloit avec regularité dans les arteres & dans les veines : je retranchai alors les aortes, & j'eus le malheur de blesser l'oreillette. Le mouvement ne revint pas d'abord au sang arteriel, mais après cinq ou six minutes je le vis descendre dans la direction légitime vers les intestins.

Dans les veines le sang reprit son mouvement naturel, il se porta vers les gros troncs & vers le cœur, avec une vitesse presqu'égale à la vitesse naturelle.

Ce mouvement étoit devenu languissant, quand j'ouvris une veine. Le sang vint de tous côtés avec rapidité se jetter dans la playe, pour se répandre dans l'intervalle des lames du méfentere. Je coupai alors la veine en travers sous la piquure : un bord blanchatre parut terminer cette blessure, & il n'en sortit pas une goute. Je vis encore le sang de ce cul de fac, car c'en étoit un, se balancer avec le sang de la veine. Celui-ci descendoit vers le cul de fac, il en étoit repoussé, & remontoit dans la veine pour l'éviter. Mais ce balancement perdit bientôt sa vitesse.

Je vis fort bien, & c'est un spectacle facile & commun, le sang épanché entre les lames du méfentere monter aussi bien

que defcendre ; mais je ne réuffis point
à voir repomper le fang, dans une veine
coupée en travers , je conçus même des
doutes contre l'expérience 230 , & je craignis, qu'il n'y eut de l'erreur.

Exp. CCXXXV. *fur un Crapaud orangé* 1 Octob.

Le mouvement du fang continuoit avec
vivacité à travers les arteres & les veines,
quand je retranchai les deux groffes branches de l'aorte. Le mouvement du refeau
veineux fut fuprimé fur le champ : mais
dans les groffes veines le fang continua de
revenir vers le cœur. Le mouvement du
fang arteriel continua avec regularité &
avec une viteffe confidérable pendant vingt
minutes. Les globules du fang de cet animal, font d'un rouge fort vif.

Toutes ces expériences concourent à
prouver : 1. après qu'on a arraché le cœur,
qu'on a lié l'aorte, ou qu'on en a détruit
les deux groffes branches, après qu'on a
interrompu par conféquent la continuation
du fang, qui exifte naturellement entre
le cœur & le refte du corps, & après
qu'on a mis le cœur hors d'état d'imprimer le moindre mouvement au fang : il
s'en conferve dans le fang des arteres [*b*],

&

[*b*] Exp. 195. 196. 197. 199. 201. 220. 221.
222. 223. 226. 227. 229. 230. 231. 232. 234. 235.
236.

& même pendant un tems confiderable, pendant quinze [c] , & vingt [d] , & trente [e]
minutes. Pendant tout ce tems là il exifte
donc une caufe du mouvement dans le fang
arteriel de l'animal , qui eft differente du
cœur. Il n'eft plus fi furprenant, que
la vie même , l'ufage des fens & des mufcles
fe conferve de même, fans que le cœur puiffe
y concourir [f].

2. Le mouvement du fang veineux eft
auffi conftant à fe conferver, ou à fe retablir par la faignée, malgré la ligature,
ou la deftruction de l'aorte ou du cœur [g].
Ce mouvement fe foutient même dans le
refeau capillaire du méfentere [h]. Il m'a
paru , qu'il fe conferve mieux dans les
veines , que dans les arteres [i].

3. Je tachai alors de découvrir les caufes de ce mouvement, qui fe fait fans la con-
currence du cœur. J'en trouvai plus d'une.
La premiere c'eft la *dérivation*, ou le courant du fang, qui fe porte du côté, où

la

[c] Exp. 224.
[d] Exp. 236.
[e] Exp. 196. 226.
[f] Exp. 203. 204. 208. 210. 219. 223. 228.
232.
[g] Exp. 169. 192. 194. 196. 197. 199. 206.
207. 208. 210. 211. 218. 219. 220. 221. 222. 223.
225. 226. 227. 228. 230. 231. 232. 233. 234. 235.
236.
[h] Exp. 234.
[i] Exp. 196 205. 207. 218. 220. 227. 228.
230. 235.

la réfiftance eft diminuée. Cette caufe, qui augmente le mouvement du fang veineux dans les animaux vivans, qui fouvent le reffufcite, lorfqu'il a ceffé, & qui le rend aux arteres, par les expériences de la Section VII. ce mouvement a le même pouvoir fur le fang, après que le cœur n'y a plus de part, foit qu'on ait arraché cet organe, ou qu'on ait lié l'aorte, ou bien qu'on en ait retranché les deux groffes branches. L'ouverture [k] d'une veine, ou quelqu'autre bleffure d'un gros vaiffeau veineux que ce foit [l], ne manque prefque jamais d'accélerer le fang dans les veines, ou de le faire renaitre, lorfqu'il s'eft arrêté. La dérivation produit cet effet feize [m] vingt & une [n] & vingt & huit [o] minutes, après que le cœur n'a plus de part au mouvement du fang. La faignée fait même fur les arteres l'effet, qu'elle fait dans l'animal vivant, & dans lequel le cœur opere fans empêchement, il y rappelle le mouvement & le fang, & fait revenir peu à peu des globules, juf-

Y qu'à

[k] Exp. 168. 169. 190. 192. 193. 194. 206. 207. 208. 211. 217. 219. 224. 226. 230. 231. 232. 233. 235.

[l] Exp. 199. 205. 220. 221. 222. 223. 227. 229. 235.

[m] Exp. 226.

[n] Exp. 194. 230.

[o] Exp. 227.

qu'à ce que le fang les traverfe à plein fil [p]. Des globules folitaires mêmes font ébranlés par la faignée, & quoiqu'ils ne rempliffent pas la lumiere de l'artere, ils ne laiffent pas de fe rendre dans l'ouverture [q].

L'artériotomie fait le même effet fur les arteres [r] que la faignée fait fur les veines, elle rappelle, fans l'aide du cœur, le mouvement du fang arteriel vers l'endroit, où une bleffure, ou le retranchement total des groffes branches de l'aorte, a fait une ouverture, qui réfifte moins au courant du fang, que les parois entieres d'une artere, qui n'a rien fouffert.

Je nomme ici *force de dérivation* une force que démontrent les effets, & dont j'ignore la caufe, foit que ce foit une contraction fecrete des vaiffeaux, ou quelqu'autre puiffance encore moins connue. Sa force eft fupérieure à celle de la pefanteur [s].

4. Une autre caufe, qui met le fang en mouvement fans l'aide du cœur, c'eft la *pefanteur*. Mes expériences démontrent, qu'elle agit fur le fang de l'animal vivant, & qu'elle en détermine la direction, fans
égard

[p] Exp. 192. 194. 227. 230.
[q] Exp. 154.
[r] Exp. 199. 201. 221. 222. 223. 226. 229. 231. 234.
[s] Exp. 224. 227.

égard pour la direction naturelle de la circulation. Elle le fait fur le fang veineux[t],
& elle le détermine à fe rendre vers la
bafe de la perpendiculaire, fur tout, quand
le mouvement circulaire eft ralenti [u].
Elle a moins de pouvoir [x] fur le fang,
qui coule dans les arteres, à moins que
fon mouvement ne foit fort ralenti [y],
ou qu'il n'y en ait plus du tout. Elle
fait agir encore les globules épanchés, &
les fait aller vers la partie la plus baffe
du méfentere.

5. Mais il faut de toute néceffité admettre entre les forces motrices du fang une
autre caufe, qui paroit & dans les vaiffeaux,
& dans les globules épanchés, & qui eft
differente de la pefanteur, & de la dérivation, puifqu'elle agit également contre la
premiere de ces puiffances [z] qu'elle furmonte évidemment [a], & contre la feconde [b]. Elle eft indépendante du
cœur, puifque je l'ai apperçue, après avoir
coupé à cet organe toute communication
avec le refte du fiftême des vaiffeaux.

Y 2

J'ap-

[t] Exp. 205. 207. 209. 213. 219. 223.
[u] Exp. 213.
[x] Exp. 88. 209.
[y] Exp. 117. 235.
[z] Exp. 215. 216. 217. 218. 222. 223. 225.
226. 227. 228. 235.
[a] Exp. 225.
[b] Exp. 218. 228. 229.

J'appelle cette cauſe *attraction*, parcé que la plus grande partie de ces phénomenes ſe font effectivement vers un objet non contigu, qui paroit les déterminer. Il m'a paru que le ſang eſt attiré par les membranes du corps animal, & qu'il l'eſt auſſi par le ſang même, dont les globules ſont attirés du côté, où il y a un amas de leurs ſemblables.

L'attraction de la premiere eſpece ſe fait voir 1º. vers les parois cellulaires des gros vaiſſeaux arteriels & veineux. Le ſang s'y amaſſe [c], il y vient même des points éloignés [d] du méſentere, & avec aſſez de rapidité [e], il ſuit les parois des arteres, il remonte le long [f] de ces parois contre ſa peſanteur, & il ne les abandonne pas. La même choſe a lieu par raport aux parois des inteſtins [g].

J'ai vu encore bien des fois, que les bords du méſentere coupé, ſervent de barriere au ſang d'une veine ouverte, qu'ils retiennent ce ſang, & que pas un ſeul globule n'abandonne ces bords [h].

2º. J'ai cru l'avoir trouvée, cette cauſe,

après

[c] Exp. 90. 198.
[d] Exp. 98. 226.
[e] Exp. 226. Les exp. 199. 209. 215. paroiſſent appartenir à celle-ci.
[f] Exp. 216. 219.
[g] Exp. 217. 225.
[h] 200. 211. 212. 213. 214.

après avoir obfervé, que les globules du fang fe rapprochent & s'attachent aux amas de globules de leur efpece, & qu'ils le font l'un & l'autre également dans les vaiffeaux [*i*], & lorfqu'ils font répandus entre les membranes du méfentere [*k*]. Delà, ai-je dit, le concours prefque conf-tant du fang veineux, qui fe fait vers les troncs [*l*], après que le cœur a perdu fon pouvoir fur lui, & delà encore cette ofcillation fi conftante dans les vaiffeaux de communication [*m*]. Je me fers au refte du nom *d'attraction*, fans prétendre pénétrer dans la caufe de ce mouvement, & ce titre ne fignifie chez moi qu'une *claffe* de mouvement, dont j'ignore la caufe méca-nique, que je ferois charmé d'apprendre.

6. On pourroit compter entre les cau-fes du mouvement, du fang, indépendan-tes du cœur, *l'irritation nerveufe* [*n*]. En effet j'ai vû bien des fois le fang fe remettre en mouvement, ou en ordre, par une irritation ou par une fecouffe, j'ai vû l'hémorragie renaitre par ce moyen. Mais je ne faurois diffimuler, qu'ayant irrité bien des fois les nerfs d'un animal, je n'ai jamais vû le nombre de pouls s'augmenter,

[*i*] Exp. 229. 230. & 54.
[*k*] Exp. 234.
[l] Exp. 218. 226. 228. 230. 234. 235. 126.
[*m*] Exp. 145. 230. 234. &c.
[*n*] Exp. 66. 117. 138. 201. 202. 228.

menter, que fouvent la circulation n'en reçut
aucun changement [o], & que j'incline
fort à attribuer les phénomenes, que j'ai
vus effectivement, à la fecouffe mécanique,
qui feroit également fortir du fang des
vaiffeaux d'un cadavre, pourvû qu'il fut
affez fluide.

7. La *fuction des vaiffeaux capillaires*,
n'eft point confirmée par mes expériences.
Le fang eft attiré auffi fouvent dans les
troncs [*p*] des vaiffeaux [*q*], qu'il l'eft
dans les branches, quand on a détruit le
cœur : ce qui eft entiérement contraire à
l'idée d'une force, qui attireroit le fang dans
les vaiffeaux capillaires. Il feroit aifé d'ailleurs de faire voir, qu'une force pareille
détruiroit la circulation, en retenant dans
ces vaiffeaux le fang, qui en doit fortir,
pour revenir au cœur.

[o] Exp. 69. & exp. 489. du 11. *Mémoire
fur l'irritabilité.*
[p] Pour les arteres exp. 205. 82.
[q] Pour les veines voyez nº.

F I N.

E R R A-

ERRATA.

Pag. 22. Dans les deux dernieres lignes. J'ai trouvé une seule obſervation, dans laquelle j'ai effectivement cru voir ces reſeaux polygones

97. *lig.* 3. avant le mot *fournit* ajoutez *en*

119. titre du Chap. VI. au lieu de *cœur* liſ. *ſang*

143. Note (*y*) au lieu de la ligne qui s'y trouve, liſ. *p.* 22. 23.

199. au deſſus de la derniere ligne, au lieu de *l'auroit dû être*, liſ. *n'auroit dû l'être*

219. Obſerv. 63. *lig.* derniere, rayez le (*n*)

225. 229. 233. 237. au lieu du mot de *veineux* dans le titre, liſ. *arteriel*

254. Exp. 133. ajoutez *ſur une Grenouille*

270. Exp. 155. *lig.* 1. liſ. *Experiences*

291. *lig.* 6. *en plein fil*, liſ. *à plein fil*